第2章

Photoshop基本操作

使用Photoshop编辑处理图像文件之前，必须先掌握图像文件的基本操作。本章主要介绍了Photoshop CC 2017中常用的文件操作命令、图像文件的显示、浏览和尺寸的调整，使用户能够轻松掌握、学有效地绘制处理图像操作方法。

例2-1 新建图像文件　　　　　　例2-6 更改图像文件大小
例2-2 打开已有图像文件　　　　例2-7 更改图像文件布局大小
例2-3 存储图像文件　　　　　　例2-8 使用【选择性粘贴】命令
例2-4 使用【导航器】面板　　　例2-9 使用【历史记录】面板
例2-5 更改图像的排列方式　　　例2-10 制作商业名片

紧密结合光盘，列出本章有同步教学视频的操作案例。
教学视频

章首导读
以言简意赅的语言表述本章介绍的主要内容。

2.2 实例概述
简要描述实例内容，同时让读者明确该实例是否附带教学视频或源文件。

【例2-4】在Photoshop CC 2017中，使用【导航器】面板查看图像。

2.2.2 使用【缩放】工具查看

操作步骤
图文并茂，详略得当，让读者对实例操作过程轻松上手。

5.4 图章工具

知识点滴
在文中加入大量的知识信息，或是本节知识的重点解析以及难点提示。

知识点滴

进阶技巧

进阶技巧
讲述软件操作在实际应用中的技巧，让读者少走弯路、事半功倍。

2.7 疑点解答

疑点解答
对本章内容做做扩展补充，同时拓宽读者的知识面。

云视频教学平台

光盘附赠的云视频教学平台能够让读者轻松访问上百 GB 容量的免费教学视频学习资源库。该平台拥有海量的多媒体教学视频，让您轻松学习，无师自通！

图1

图2

在该界面中可以单击想学习的案例标题，即可进入对应的视频播放界面；此外，单击下方的翻页按钮可以查看其他视频教学内容

图4

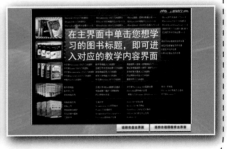

在主界面中单击您想学习的图书标题，即可进入对应的教学内容界面

图3

进入视频教学界面，单击下方控制条可以控制视频教学的播放

图5

≫ 光盘主要内容

本光盘为《入门与进阶》丛书的配套多媒体教学光盘，光盘中的内容包括18小时与图书内容同步的视频教学录像和相关素材文件。光盘采用真实详细的操作演示方式，详细讲解了电脑以及各种应用软件的使用方法和技巧。此外，本光盘附赠大量学习资料，其中包括多套与本书内容相关的多媒体教学演示视频。

≫ 光盘操作方法

将DVD光盘放入DVD光驱，几秒钟后光盘将自动运行。如果光盘没有自动运行，可双击桌面上的【我的电脑】或【计算机】图标，在打开的窗口中双击DVD光驱所在盘符，或者右击该盘符，在弹出的快捷菜单中选择【自动播放】命令，即可启动光盘进入多媒体互动教学光盘主界面。

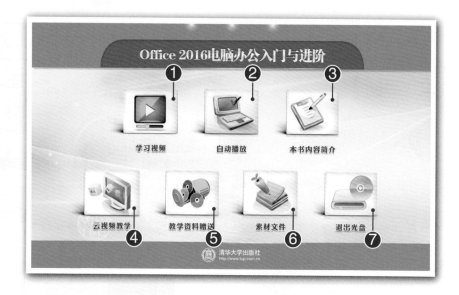

① 进入普通视频教学模式

② 进入自动播放演示模式

③ 阅读本书内容介绍

④ 单击进入云视频教学界面

⑤ 打开赠送的学习资料文件夹

⑥ 打开素材文件夹

⑦ 退出光盘学习

光盘使用说明

普通视频教学模式

图1

Office 2016电脑办公入门与进阶

单击【学习视频】按钮

学习视频　自动播放　本书内容简介
云视频教学　教学资料赠送　素材文件　退出光盘

清华大学出版社

- 赛扬 1.0GHz 以上 CPU
- 512MB 以上内存
- 500MB 以上硬盘空间
- Windows XP/Vista/7/8/10 操作系统
- 屏幕分辨率 1024×768 以上
- 8 倍速以上的 DVD 光驱

光盘运行环境

图2

Office 2016电脑办公入门与进阶

① 单击章节名称

② 单击实例名称

图3

进入普通视频教学界面

春季狂欢

控制视频教学播放

自动播放演示模式

图1

Office 2016电脑办公入门与进阶

单击【自动播放】按钮

学习视频　自动播放　本书内容简介
云视频教学　教学资料赠送　素材文件　退出光盘

清华大学出版社

图2

进入自动播放视频教学界面，用户无须动手操作，系统将按顺序播放整张光盘

THE BUSENESS PLAN
商业融资计划书

xxx公司

赠送的教学资料

图1

② 打开光盘中教学资料所在文件夹

Office 2016电脑

① 单击【教学资料赠送】按钮

学习视频

云视频教学　教学资料赠送　素材文件　退出光盘

清华大学出版社

图2

② 打开光盘中素材文件所在文件夹

Office 2016电脑办公入门与进阶

① 单击【素材文件】按钮

学习视频

云视频教学　教学资料赠送　素材文件　退出光盘

清华大学出版社

► Word启动界面

► 制作公司管理制度

► 文件资源管理器

► 制作租赁合同

► 制作Excel图表

► Excel启动界面

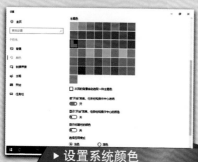

► 设置系统颜色

► 处理Excel表格

▶ 使用360安全卫士

▶ 360手机管理界面

▶ 管理手机中的照片

▶ 设置系统主题

▶ 自定义系统背景

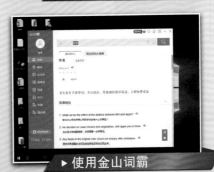

▶ 使用金山词霸

▶ 更改Windows 10桌面

▶ 创建与调整选区

入门与进阶

新手学电脑
入门与进阶 (第3版)

于冬梅 解丽红 ◎编著

清华大学出版社

北京

内 容 简 介

本书是《入门与进阶》系列丛书之一。全书以通俗易懂的语言、翔实生动的实例，全面介绍了新手学电脑需要掌握的操作技巧和方法。本书共分11章，涵盖了学电脑的必知常识、Windows 10快速入门、Windows 10深入设置、电脑打字的基础知识、管理电脑文件资源、Excel 2016表格处理、Word 2016文档编排、常用软件的使用技巧、使用电脑上网、处理手机照片以及电脑的维护与优化等内容。

本书内容丰富，图文并茂。全书双栏紧排，全彩印刷，附赠的光盘中包含书中实例素材文件、18小时与图书内容同步的视频教学录像和3~5套与本书内容相关的多媒体教学视频，方便读者扩展学习。此外，光盘中附赠的"云视频教学平台"能够让读者轻松访问上百GB容量的免费教学视频学习资源库。

本书具有很强的实用性和可操作性，是面向广大电脑初中级用户、家庭电脑用户，以及不同年龄阶段电脑爱好者的首选参考书。

图书在版编目(CIP)数据

新手学电脑入门与进阶 / 于冬梅，解丽红　编著．—3版．—北京：清华大学出版社，2018（2020.5 重印）

（入门与进阶）

ISBN 978-7-302-48442-4

Ⅰ. ①新… Ⅱ. ①于… ②解… Ⅲ. ①电子计算机—基本知识 Ⅳ. ①TP3

中国版本图书馆CIP数据核字(2017)第225963号

责任编辑：胡辰浩　袁建华
装帧设计：孔祥峰
责任校对：成凤进
责任印制：沈露

出版发行：清华大学出版社
　　　　网　　　址：http://www.tup.com.cn，http://www.wqbook.com
　　　　地　　　址：北京清华大学学研大厦A座　　邮　　编：100084
　　　　社 总 机：010-62770175　　　　　　　　邮　　购：010-62786544
　　　　投稿与读者服务：010-62776969，c-service@tup.tsinghua.edu.cn
　　　　质 量 反 馈：010-62772015，zhiliang@tup.tsinghua.edu.cn
印 装 者：北京博海升彩色印刷有限公司
经　　销：全国新华书店
开　　本：150mm×215mm　　　插页：4　　印张：16.75　　字数：429千字
　　　　（附光盘1张）
版　　次：2009年12月第1版　2018年1月第3版　印次：2020年5月第3次印刷
定　　价：58.00元

产品编号：062144-02

熟练操作电脑已经成为当今社会不同年龄层次的人群必须掌握的一门技能。为了使读者在短时间内轻松掌握电脑各方面应用的基本知识，并快速解决生活和工作中遇到的各种问题，清华大学出版社组织了一批教学精英和业内专家特别为电脑学习用户量身定制了这套《入门与进阶》系列丛书。

丛书、光盘和网络服务

● **双栏紧排，全彩印刷，图书内容量多实用** 本丛书采用双栏紧排的格式，使图文排版紧凑实用，其中260多页的篇幅容纳了传统图书一倍以上的内容。从而在有限的篇幅内为读者奉献更多的电脑知识和实战案例，让读者的学习效率达到事半功倍的效果。

● **结构合理，内容精炼，案例技巧轻松掌握** 本丛书紧密结合自学的特点，由浅入深地安排章节内容，让读者能够一学就会、即学即用。书中的范例通过添加大量的"知识点滴"和"进阶技巧"的注释方式突出重要知识点，使读者轻松领悟每一个范例的精髓所在。

● **书盘结合，互动教学，操作起来十分方便** 丛书附赠一张精心开发的多媒体教学光盘，其中包含了18小时左右与图书内容同步的视频教学录像。光盘采用真实详细的操作演示方式，紧密结合书中的内容对各个知识点进行深入的讲解。光盘界面注重人性化设计，读者只需要单击相应的按钮，即可方便地进入相关程序或执行相关操作。

● **免费赠品，素材丰富，量大超值实用性强** 附赠光盘采用大容量DVD格式，收录书中实例视频、源文件以及3～5套与本书内容相关的多媒体教学视频。此外，光盘中附赠的云视频教学平台能够让读者轻松访问上百GB容量的免费教学视频学习资源库，在让读者学到更多电脑知识的同时真正做到物超所值。

● **在线服务，贴心周到，方便老师定制教案** 本丛书精心创建的技术交流QQ群(101617400、2463548)为读者提供24小时便捷的在线交流服务和免费教学资源；便捷的教材专用通道(QQ：22800898)为老师量身定制实用的教学课件。

本书内容介绍

《新手学电脑入门与进阶(第3版)》是这套丛书中的一本，该书从读者的学习兴趣和实际需求出发，合理安排知识结构，由浅入深、循序渐进，通过图文并茂的方式讲解新手学习电脑时需要掌握的各种知识与技巧。全书共分为11章，主要内容如下。

第1章：新手学电脑的必知常识，包括电脑的主要配件和操作技巧等。

第2章：Windows 10快速入门，包括安装Windows 10、使用系统桌面、使用开始菜单/窗口/对话框/向导以及安装和卸载软件等。

第3章：Windows 10深入设置，包括设置桌面外观、主题、开始菜单、任务

栏、键盘、鼠标、电源、用户账户等。

第4章：电脑打字的基础知识，包括键盘的指法、安装与设置输入法等。

第5章：管理电脑文件资源，包括管理、查看、隐藏和显示文件与文件夹，以及设置文件与文件夹的外观、属性等。

第6章：Excel 2016表格处理，包括Excel的基础操作、数据编辑和设置等。

第7章：Word 2016文档编排，包括Word的基础操作、文档格式设置、图文混排、表格应用等。

第8章：常用软件的使用技巧，包括使用多媒体软件、手机管理软件、文件夹压缩软件、图片浏览软件、PDF阅读软件等。

第9章：使用电脑上网，包括常用的网络连接方式、使用浏览器访问网页、使用搜索引擎、下载网上资源、网上聊天等。

第10章：处理手机照片，包括使用手机拍照、照片浏览的常用方法、使用Photoshop处理照片等。

第11章：电脑的维护与优化，包括维护电脑操作系统、防范电脑病毒、保护上网安全、备份操作系统、设置Windows组策略等。

读者定位和售后服务

本书具有很强的实用性和可操作性，是面向广大电脑初中级用户、家庭电脑用户，以及不同年龄阶段电脑爱好者的首选参考书。

如果您在阅读图书或使用电脑的过程中有疑惑或需要帮助，可以登录本丛书的信息支持网站(http://www.tupwk.com.cn/improve3)或通过E-mail(wkservice@vip.163.com)联系，本丛书的作者或技术人员会提供相应的技术支持。

除封面署名的作者外，参加本书编写的人员还有陈笑、孔祥亮、杜思明、高娟妮、熊晓磊、曹汉鸣、何美英、陈宏波、潘洪荣、王燕、谢李君、李珍珍、王华健、柳松洋、陈彬、刘芸、高维杰、张素英、洪妍、方峻、邱培强、顾永湘、王璐、管兆昶、颜灵佳、曹晓松等。由于作者水平所限，本书难免有不足之处，欢迎广大读者批评指正。我们的邮箱是huchenhao@263.net，电话是010-62796045。

最后， 感谢您对本丛书的支持和信任，我们将再接再厉，继续为读者奉献更多更好的优秀图书，并祝愿您早日成为电脑应用高手！

《入门与进阶》丛书编委会
2017年10月

第1章 新手学电脑的必知常识

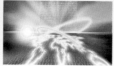

第2章 Windows 10快速入门

第3章 Windows 10深入设置

第4章 电脑打字的基础知识

第5章 管理电脑文件资源

第6章 Excel 2016表格处理

第7章 Word 2016文档编排

第8章 常用软件的使用技巧

第9章 使用电脑上网

第10章　处理手机照片

第11章　电脑的维护与优化

第1章

新手学电脑的必知常识

　　电脑的学名为电子计算机，是由早期的电动计算器发展而来，是一种能够按照程序运行，自动、高速处理海量数据的现代化智能电子设备。随着科技的不断发展，电脑已逐渐进入了人们的生活，成为人们工作、学习和生活的重要工具。

1.1 电脑与智能终端

随着移动网络的持续发展，智能终端技术的不断进步，包括平板电脑、智能手机在内的移动智能终端已经得到了大规模的使用。许多用户在使用电脑处理日常工作和生活事务时，不可避免地需要用电脑结合智能终端来解决问题，例如利用手机拍摄照片，再传送到电脑上进一步处理；将电脑中的Office文件导入平板电脑，以便随时查看与修改等。因此，本章作为全书的开端，将首先介绍电脑与移动终端的特点与基础知识，帮助新手用户对这两种时下流行的设备有一个初步的认识。

1.1.1 什么是电脑

计算机(computer)俗称电脑，由硬件和软件两个部分组成。其中，硬件部分包括主机、显示器、鼠标、键盘等设备；软件部分则指的是安装在电脑硬盘中的系统软件、应用软件以及驱动程序。

主机内装有电脑的核心配件

电脑的种类很多，常见的有台式电脑、一体式电脑、笔记本电脑等。其根据不同的用途又可以细分成不同的类型。例如，台式电脑、一体式电脑根据其具体用途来划分，可以分为家用电脑、商用电脑、游戏电脑以及特殊的迷你电脑；笔记本电脑则可以分为轻薄便携型、商务应用型、影音家庭型和娱乐游戏型(其中两公斤以下的笔记本电脑产品都被称为"轻薄便携笔记本"，顾名思义，这一类产品的最大优点就是体量轻，便于携带)。

1.1.2 认识智能终端

智能终端即移动智能终端的简称，指的是安装具有开放式操作系统，使用宽带无线或移动通信技术实现互联网接入，通过下载、安装应用软件和数字内容为用户提供服务的终端产品，其包括智能手机、笔记本电脑(既是电脑也是智能终端)、PDA智能终端以及平板电脑等。

平板电脑和手机是最常见的智能终端。

知识点滴

随着集成电路技术的飞速发展，智能终端已经拥有了强大的数据处理能力，不仅可以通话、拍照、听音乐、玩游戏，而且可以实现包括定位、信息处理、指纹扫描、身份证扫描、条码扫描、RFID扫描、IC卡扫描以及酒精含量检测等丰富的功能。因此，用户将智能终端与电脑相互配合使用，不仅可以大大提高工作效率，还能够取长补短地增强用户的数据处理能力。

1.2 电脑的主要配件

电脑的主要配件指的是构成电脑的主要设备，简单地说，就是电脑主机中必不可少的主板、内存、CPU、硬盘、声卡、显卡以及主机以外的显示器、鼠标和键盘。若这些配件中的任何一种损坏，将直接导致电脑无法正常使用。这类配件损坏的故障，用户只能通过更换配件来排除。

1.2.1 主板和CPU

电脑的主板是电脑主机的核心配件，它安装在机箱内。主板的外观一般为矩形的电路板，其上安装了组成电脑的主要电路系统，一般包括BIOS芯片、I/O控制芯片、键盘和面板控制开关接口等。

主板是电脑主机中最大的电路板

这个正方形的配件是 CPU

CPU是电脑解释和执行指令的部件，它控制整个电脑系统的操作，因此CPU也被称作是电脑的"心脏"。CPU安装在电脑主板上的CPU插槽中，它由运算器、控制器和寄存器及实现它们之间联系的数据、控制及状态的总线构成，其运作原理大致可分为提取(Fetch)、解码(Decode)、执行(Execute)和写回(Writeback)这4个阶段。

1.2.2 硬盘和内存

硬盘是电脑的主要存储媒介之一，由一个或者多个铝制或者玻璃制的碟片组

成。这些碟片外覆盖有铁磁性材料。绝大多数硬盘都是固定硬盘，被永久性地密封固定在硬盘驱动器中。硬盘一般被安装在电脑机箱上的驱动器架内，通过数据线与电脑主板相连。

内存(Memory)也被称为内存储器，是电脑中重要的部件之一。它是与CPU进行沟通的桥梁。其作用是暂时存放CPU中的运算数据，以及与硬盘等外部存储器交换的数据。内存被安装在电脑主板的内存插槽中。

1.2.3 声卡和显卡

显卡的全称是显示接口卡(Video card或Graphics card)，又称为显示适配器，它是电脑的最基本组成部分之一。显卡安装在电脑主板上的PCI Express(或AGP、PCI)插槽中。其用途是将电脑系统所需要的显示信息进行转换驱动，并向显示器提供行扫描信号，控制显示器的正确显示。

声卡(Sound Card)也叫音频卡,它是多媒体技术中最基本的组成部分,是实现声波/数字信号相互转换的一种硬件。声卡的基本功能是把来自话筒、磁带、光盘的原始声音信号加以转换,输出到耳机、扬声器、扩音机、录音机等声响设备,或通过音乐设备数字接口(MIDI)使乐器发出美妙的声音。

鼠标是Windows操作系统中必不可少的外设之一。用户可以通过鼠标快速地对屏幕上的对象进行操作。

在接口设置方面,台式电脑所使用的鼠标与键盘一样,一般采用PS/2或USB接口与电脑主机相连。当下,无线接入设置也较为普遍。台式电脑也会采用无线键盘与鼠标。

1.2.5 显示器

显示器通常也被称为监视器,它是一种将一定的电子文件通过特定的传输设备显示到屏幕上再反射到人眼的显示工具。目前常见的显示器为LCD(液晶)显示器。

1.2.4 键盘和鼠标

键盘是最常见和最重要的电脑输入设备之一。虽然如今鼠标和手写输入的应用越来越广泛,但在文字输入领域,键盘依旧有着不可动摇的地位。其是用户向电脑输入数据和控制电脑的基本工具。

1.3 电脑的必备软件

电脑的软件由程序和有关的文档组成。其中,程序是指令序列的符号表示,文档则是软件开发过程中建立的技术资料。程序是软件的主体,一般保存在存储介质中(如硬盘或光盘),以便在电脑中使用。文档对于使用和维护软件非常重要,随软件产品一起发布的文档主要是使用手册,其中包含了软件产品的功能介绍、运行环境要求、安装方法、操作说明和错误信息说明等。在使用电脑的过程中,必备的软件有操作系统、应用软件和驱动程序。

1.3.1 操作系统

操作系统(Operating System,简称

OS)是电脑系统的指挥调度中心,负责管理电脑系统的硬件和软件资源,为各程序提供运行环境。

操作系统是所有软件中最重要的一种，主要由CPU管理、存储管理、设备管理和文件管理等几个功能模块组成。操作系统是介于电脑硬件与软件之间的一个结构层，是电脑硬件与用户以及其他应用程序之间的接口。目前常见的操作系统有Windows系列操作系统、Linux操作系统、iOS操作系统等。本书后面的章节中，将详细介绍目前最常见的Windows 10系统。

Windows 10 桌面

1.3.2 应用软件

应用软件是为实现某种特殊功能而经过精心设计、结构严密的独立系统。其能够满足用户在某一方面的同类应用需求。

下表所示为电脑中常用的应用软件。本书第6~8章将通过实例操作，详细介绍常用应用软件的使用方法。

软件类型	功能说明
Word	文档编辑软件
Excel	电子表格软件
PowerPoint	演示文稿软件
Photoshop	图片处理软件
Microsoft Edge	网页浏览软件
暴风影音	视频播放软件
迅雷	资源下载软件
千千静听	音乐播放软件
WinRAR	文件压缩软件
360杀毒	病毒查杀软件
outlook	电子邮件软件

1.3.3 驱动程序

驱动程序一般指的是设备驱动程序(Device Driver)，是一种可以使计算机和设备通信的特殊程序。其相当于硬件的接口。操作系统只有通过这个接口，才能控制硬件设备的工作。如果某设备的驱动程序未能正确安装，便不能正常工作。

1.4 电脑的使用常识

电脑在人们的生活中扮演着越来越重要的角色。掌握一些使用电脑的小常识，能够帮助人们更好地使用电脑，并避免不必要的电脑故障。

使用电脑时应注意以下几点。

🔹 在关闭电脑时不要直接按电源进行强制性关机：关闭电脑时应先关闭运行的软件，再使用操作系统的【关机】功能关闭电脑。通过按下主机上的电源键强制关机，有时会造成操作系统崩溃或硬盘损坏。

🔹 关闭不再使用的浏览器窗口、应用程序(即软件)：因为每台电脑的硬件资源是有限的，所以建议用户养成随手关闭不用的软件的习惯，使电脑硬件资源利用率最大化。

🔹 不要在电脑上同时安装两个或两个以上的杀毒软件：过多的杀毒软件会导致电脑

运行缓慢，甚至崩溃。

🔹 避免将高清图片设置为操作系统桌面壁纸，桌面的文件不宜过多：过分的个性化设置将直接影响电脑的运行速度，导致电脑工作缓慢。

🔹 定期整理Outlook软件中无用的邮件：若用户长时间不清理邮件，Outlook数据文件就会越来越大，导致软件运行速度甚至电脑的运行速度都会受到影响。

🔹 安装软件时应避免安装到C盘：电脑中的C盘是系统盘。C盘中的磁盘空间若不足，将导致电脑开机和运行速度缓慢。

◆ 不要在电脑中安装IE工具条：IE工具条插件将大大影响用户使用浏览器访问网站时浏览页面的速度。

◆ 及时清理电脑中的垃圾文件：垃圾文件太多，也会影响电脑工作速度。用户可以下载一个清理垃圾文件工具(如360安全卫士、QQ管家、百度管家等)，定期清理电脑中的垃圾文件。

◆ 定期清理电脑主机内部灰尘：清理灰尘可以有效地延长电脑的使用寿命，同时避免电脑出现因散热问题造成的故障。

◆ 如果正在使用电脑时突然断电，应马上切断电脑电源：此时应等待来电半小时，供电相对稳定后再开机启动电脑。

1.5 电脑的操作技巧

在使用电脑时(Windows操作系统)，如果能熟练掌握本节所介绍的一些快捷操作技巧，可以大大提高电脑的使用效率。

电脑的常用快捷操作如下。

◆ 在需要离开电脑去做其他事时，按下键盘上的Win+L组合键(Win键的图标为🔲)，可以将电脑暂时锁屏，防止屏幕上的信息泄露。

◆ 按下Win+E组合键，将快速打开【文件资源管理器】窗口，浏览电脑中的硬盘分区和文件。

◆ 若打开的窗口过多，按下Win+D组合键可以快速显示操作系统桌面。

◆ 按下Win+R组合键打开【运行】对话框，输入psr.exe并按下Enter键，将打开Windows自带的【录像】功能，单击【开始记录】按钮可以以图片的形式记录之后的操作步骤。

◆ 按下Win+X组合键，在弹出的菜单中可以快速执行Windows系统的常用操作，例如程序和功能、电源选项、设备管理器、磁盘管理、命令提示符、控制面板、任务管理器、搜索、运行、关机或注销和显示桌面等。

◆ 按下Win+R组合键打开【运行】对话框，输入osk后按下Enter键，将在系统中打开如下图所示的虚拟键盘。用户可以使用虚拟键盘在应用软件中输入文本。

◆ 若显示屏幕中的文字或图片太小不方便查看，按下Win+【+】键，打开如下图所示的【放大镜】窗口放大当前屏幕窗口。单击【放大镜】窗口中的【-】按钮可以缩小放大的窗口。

1.6 进阶实战

本章的进阶实战部分将分别介绍使用鼠标与键盘的基本操作。新手用户可以通过实例练习并结合本书后面章节的内容，进一步掌握电脑的使用方法。

1.6.1 熟练操作鼠标

【例1-1】使用鼠标操作电脑。

01 电脑上最为常用的鼠标是带滚轮的三键光电鼠标。它共分为左右两键和中间的滚轮。其中间的滚轮也可称为中键。

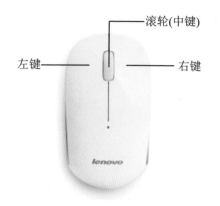

滚轮(中键)

左键 —— 右键

02 使用鼠标时，用手掌心轻压鼠标，拇指和小指抓在鼠标的两侧，再将食指和中指自然弯曲，轻贴在鼠标的左键和右键上，无名指自然落下跟小指一起压在侧面，此时拇指、食指和中指的指肚贴着鼠标，无名指和小指的内侧面接触鼠标侧面。

03 用右手食指轻点鼠标左键并快速释放，称为单击鼠标。此操作通常用于选择对象。

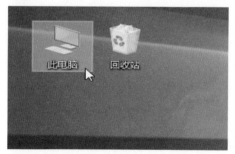

04 用右手食指在鼠标左键上快速单击两

次，称为双击。此操作用于执行命令或打开文件等。

05 右击指的是用右手中指按下鼠标右键并快速释放。此操作一般用于弹出当前对象的快捷菜单，便于快速选择相关的命令。右击的操作对象不同，弹出的快捷菜单也不同。

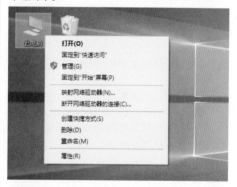

06 拖动指的是将鼠标指针移动至需要移动的对象上，然后按住鼠标左键不放，将该对象从屏幕的一个位置拖到另一个位置，然后释放鼠标左键。

07 范围选取指的是单击需选定对象外的

一点并按住鼠标左键不放，移动鼠标将需要选中的所有对象包括在虚线框中。

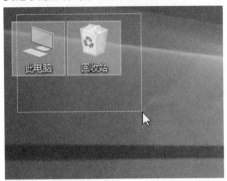

1.6.2 正确使用键盘

【例1-2】掌握键盘的正确使用姿势。

01 使用键盘时，平坐且将身体重心置于椅子上，腰背挺直，身体稍偏于键盘右方。身体向前微微倾斜，身体与键盘之间的距离保持在20cm左右。

02 两肩放松，大臂自然下垂，肘与腰部的距离为5~10cm。小臂与手腕略向上倾斜，手腕切忌向上拱起，手腕与键盘下边框保持1cm左右的距离。

03 手指位置：手掌以手腕为轴略向上抬起，手指略微弯曲并自然下垂轻放在基本键上，左右手拇指轻放在空格键上。

04 将位于显示器正前方的键盘右移5cm。书稿稍斜放在键盘的左侧，使视线和字行成平行线。打字时，不看键盘，只专注于书稿或屏幕，稳、准、快地击键。

1.7 疑点解答

● 问：初学电脑应如何快速入门？

答：学习任何知识都讲究方法，学习电脑也不例外。正确的方法使人不断进步，而且是快速进步；错误的方法使人止步不前，甚至失去学习的兴趣。没有人天生是电脑专家。所谓专家，无非是多看了一些书，多学了一点技巧。在学习初期，建议用户从自己的实际需求出发，通过结合书本上的知识把自己的工作处理的接近完美。在不断收获成就的过程中把学到的电脑知识一点一点加深掌握，这是学电脑快速入门的一个大原则。

● 问：新手学电脑需要掌握哪些？

答：首先应熟练掌握鼠标、键盘的操作方法，其次应学会使用与设置Windows操作系统的方法，再次应根据自己日常工作和生活的需要，掌握一些应用软件(例如Office系列软件，Photoshop、ACDSee等图形图像处理软件)，最后需要学会通过软件和系统设置的方法优化以及维护电脑的方法。

第2章

Windows 10快速入门

Windows 10是一款跨平台(与设备)应用的操作系统。该系统是微软公司发布的最后一个独立Windows版本。下一代Windows系统将作为更新形式出现。Windows 10共包括家庭版、移动版、专业版在内的7个发行版本，分别面向不同的用户和设备。

对应光盘视频

例2-1 设置加快系统启动速度
例2-2 关闭系统启动登录密码
例2-3 使用"虚拟桌面"功能
例2-4 使用Cortana搜索文档
例2-5 设置添加共享打印机
例2-6 卸载电脑软件

例2-7 使用"写字板"工具
例2-8 使用标准计算器
例2-9 使用科学计算器
例2-10 通过应用商店安装软件
例2-11 使用One Note(便笺)

2.1 安装Windows 10

用户可以使用全新安装和升级安装两种方法在电脑中安装Windows 10系统。

2.1.1 全新安装

通过硬盘或U盘即可实现Windows 10的全新安装。若通过硬盘安装Windows 10，需要电脑中已安装有一个Windows操作系统。若通过U盘安装，则需要设置电脑通过U盘启动。其操作方法如下。

01 通过微软官方网站下载Windows 10安装镜像。

02 通过镜像软件打开Windows 10安装镜像文件，运行其中sources文件夹内的Setup.exe文件。

03 在打开的安装界面中单击【立即在线安装更新】选项。

04 在打开的界面中输入系统安装密钥，并单击【下一步】按钮(若当前操作系统已激活则这一步可以跳过)。

05 打开【选择要安装的操作系统】对话框，选择需要安装的Windows 10版本后单击【下一步】按钮。

06 打开系统安装协议对话框后，选中【我接受许可条款】复选框，单击【下一步】按钮。

07 在打开的界面中选择【自定义】方式，在电脑中安装双操作系统。

08 打开【你想将Windows安装在哪里】对话框，选择一个用于安装操作系统的硬盘分区后，单击【下一步】按钮。

09 此时，Windows安装程序将开始安装操作系统，稍等片刻。

10 在打开的系统设置界面中使用快速设置或自定义设置，并根据安装程序的提示即可完成Windows 10系统的全新安装。

进阶技巧

若用户需要以传统的开机启动方式安装Windows 10，在BIOS中将电脑设置为通过U盘启动后，使用U盘启动电脑，然后参考以上步骤操作即可。

2.1.2 升级安装

升级安装指的是将当前Windows系统中的一些内容(可自选)迁移到Windows 10中，并替换当前操作系统。其具体操作如下。

01 启动电脑后，打开Windows 10安装镜像(在Windows 8/8.1系统中直接双击即可，Windows 7中需要通过虚拟光驱软件Daemon Tools打开镜像文件)。

02 运行光盘镜像文件中的Setup.exe文件，在打开的界面中单击【下一步】按钮。

03 在打开的【许可条款】界面中单击【接受】按钮。

04 此时，安装程序将会检测系统安装环境，稍等片刻。

05 打开【准备就绪，可以安装】对话框，单击【安装】按钮。

06 打开【选择需要保留的内容】对话框，

选择当前系统需要保留的内容后，单击【下一步】按钮，开始安装Windows 10。

07 经过数次重启，完成操作系统主体的安装进入系统设置界面，在该界面中用户根据系统提示完成对操作系统的配置，即可将当前系统升级为Windows 10。

08 打开升级安装后的Windows 10系统，将保留原系统的桌面及软件。

进阶技巧

　　在电脑中安装Windows 10系统需要16GB以上的硬盘空间(64位版需要20G以上的硬盘空间)、1GB以上的内存(64位版需要2GB以上)。

2.2 启动与退出Windows 10

　　在电脑中成功安装Windows 10操作系统后，用户可以参考以下方法启动与退出操作系统。

● 启动Windows 10：按下电脑机箱上的电源开关按钮启动电脑，稍等片刻后在打开的Windows 10登录界面中单击【登录】按钮，并输入相应的登录密码即可。

● 退出Windows 10：单击系统桌面左下角的【开始】按钮田，在弹出的菜单中选择【电源】选项⏻，接着在弹出的菜单中选择【关机】命令即可。

【例2-1】设置Windows 10快速启动，加快系统的启动速度。 视频

01 在Windows 10系统桌面上单击【开始】按钮田(或者按下键盘上的Win键),在弹出的菜单中选择【设置】选项 。

02 打开【Windows设置】窗口，单击【系统】选项，在打开的窗口中选择【电源和睡眠】选项，并在显示的选项区域中单击【其他电源设置】选项。

03 打开【电源选项】窗口，选择【选择电源按钮的功能】选项，打开【系统设置】窗口，然后单击【更改当前不可用的设置】选项。

04 在显示的选项区域中，用户可以设置【开始】菜单中【电源】选项的功能，其中选中【启用快速启动】复选框，可以加速Windows 10系统的启动速度，让系统在几秒内完成启动。

【例2-2】设置取消Windows 10启动时需要填写的登录密码。 视频

01 在启动Windows 10时如果用户希望取消登录时需要输入的密码，提高登录速度，可以在登录系统后按下Win+R组合键打开【运行】对话框，在【打开】文本框中输入netplwiz，单击【确定】按钮。

02 打开【用户账户】对话框，取消选中【要使用本计算机，用户必须输入用户名和密码】复选框，单击【确定】按钮。

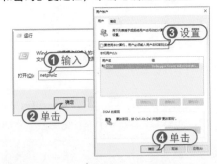

03 打开【自动登录】对话框，在【密码】和【确认密码】对话框中输入当前账户的密码，并单击【确定】按钮。在下次启动时系统将不再要求输入登录密码。

2.3 使用系统桌面

Windows系列操作系统的桌面是人机交互的窗口。Windows 10系统在旧版本Windows系统的基础上增强了包括虚拟桌面、Cortana、操作中心等功能。

为了帮助用户尽快掌握Windows 10的新桌面，下图标注出了桌面上的各个新功能的分布情况。

下面将分别介绍使用Windows 10桌面常用功能的具体方法。

2.3.1 管理桌面图标

桌面图标是指整齐排列在桌面上的小图片，是由图标图片和图标名称组成。双击图标可以快速启动对应的程序或窗口。桌面图标主要分成系统图标和快捷图标两种。系统图标是系统桌面上的默认图标，它的特征是在图标左下角没有▮标志。快捷图标的特征是在图标左下角有▮标志。

1 显示系统图标

在Windows系列操作系统中，常用的系统图标有【我的电脑】(Windows 10中称为【此电脑】)、【设置】、【我的文档】、【控制面板】、【网络】等，这些图标通常都不会显示在新安装的系统桌面上。要显示常用的系统桌面图标，用户只需要执行以下两步操作即可。

01 右击系统桌面，在弹出的菜单中选择【个性化】命令，打开【设置】窗口，选择【主题】选项并单击【桌面图标设置】选项。

02 打开【桌面图标设置】对话框，在【桌面图标】选项区域中选中与需要显示的桌面图标相应的复选框，然后单击【确定】按钮即可。

2 排列桌面图标

当用户安装了新的程序后，桌面也添加了更多的快捷方式图标。为了让用户更方便快捷地使用图标，可以将图标按照自己的要求排列顺序。排列图标除了用鼠标拖动图标随意安放，用户也可以按照名称、大小、类型和修改日期来排列桌面图标，具体方法是：右击系统桌面，在弹出的菜单中选择【排列方式】命令，在弹出的菜单中选择一种排列方式即可。

3 删除快捷图标

如果桌面上的快捷图标太多，用户可以根据自己的需求，通过右击快捷图标，在弹出的菜单中选择【删除】命令，删除一些不需要放在桌面上的快捷图标。删除了快捷图标，只是把快捷方式给删除了，其对应的程序并未被删除，用户还是可以在安装路径或【开始】菜单里运行该程序。

2.3.2 使用虚拟桌面

虚拟桌面功能是Windows 10系统一项新增的功能。用户可以通过该功能在系统中使用多个桌面，类似于安卓或iOS系统中的多屏幕功能。

【例2-3】在Windows 10中使用【虚拟桌面】功能管理系统桌面。 ⏵视频

01 单击桌面任务栏左侧的【任务视图】按钮，进入虚拟桌面界面。

02 虚拟桌面界面中显示所有当前窗口。

03 单击界面右下角的【新建桌面】按钮，可以创建桌面2。

04 将鼠标指针放置在虚拟桌面界面底部新建的【桌面2】预览图上，将显示新桌面，单击鼠标可以切换至该桌面。

05 再次单击【任务视图】按钮，进入虚拟桌面界面，将鼠标放置在【桌面1】预览图上，然后按住该桌面上打开的一个窗口，将其拖动至【桌面2】预览图上。

06 释放鼠标后，可以将窗口移动至【桌面2】桌面中。

07 将鼠标移动至虚拟桌面预览图右上角的X按钮，可以关闭创建的虚拟桌面。

2.3.3 使用Cortana

和之前版本的Windows系统一样，Cortana可以为用户提供本地文件、文件夹、系统功能的快速搜索。例如，用户需要进入Windows Defender的设置面板，却怎么也找不到与之相应的窗口，可以通过在桌面左下角的Cortana文本框中输入Windows Defender轻松找到。

结果————  ————输入

使用Cortana还可以搜索电脑中安装的软件，只要输入软件的名称(例如Photoshop)，Cortana将会把搜索到的软件自动放置在列表的顶端。

除此之外，Cortana还具备一定的容错能力。在输入搜索关键词时如果输错一两个字母，Cortana也能返回正确的结果。

--------▶
【例2-4】使用Cortana搜索电脑中的文档。
📹视频▸
◀--------

01 单击桌面左下角的【有问题尽管问我】文本框，在显示的菜单中单击【文档】按钮。

02 在显示的【文档】搜索列表下方输入要搜索的文档关键词(例如"小学生")，然后在搜索结果列表中右击搜索到的文档名称，在弹出的菜单中选择【打开文件所在的位置】命令。

03 此时，在打开的窗口中将选中搜索到的文档。

2.3.4 使用操作中心

Windows 10系统的右下角增加了如下图所示的【操作中心】按钮。

电脑接入网络后，操作中心会经常提示系统消息和应用消息。用户可以参考以

下方法，自定义需要接收的消息。

01 单击Windows 10桌面右下角的【操作中心】按钮，在打开的界面中单击【所有设置】选项。

02 在打开的【Windows设置】窗口中单击【系统】选项，打开【设置】窗口，选中【通知和操作】选项。

03 在打开的【快速操作】选项区域中向下滑动窗口，在【通知】选项区域中即可设置【操作中心】中可以接收的消息。

2.3.5 使用任务栏

任务栏是位于桌面下方的一个条形区域，它显示了系统正在运行的程序、打开的窗口和当前时间等内容。用户通过任务栏可以完成许多操作。

任务栏最左边的■按钮是开始按钮，

在该按钮的右边依次是Cortana文本框、【任务视图】按钮和快速启动区。

在任务栏的最右边依次是【显示桌面】按钮、【操作中心】按钮、系统时间、语言栏和通知中心。

下面将介绍Windows 10任务栏中的一些常用操作。

1 操作任务栏图标

Windows 10的任务栏与其他版本Windows系统的任务栏类似，可以将电脑中运行的同一程序的不同文档集中在同一个图标上。如果是尚未运行的程序，单击相应图标可以启动对应的程序；如果是运行中的程序，单击图标则会将此程序放在最前端。在这些任务栏上，用户可以通过鼠标的各种按键操作来实现不同的功能。

● 左键单击：如果图标对应的程序尚未运行，单击鼠标左键即可启动该程序；如果已经运行，单击左键则会将对应的程序窗口放置于最前端。如果该程序打开了多个窗口和标签，左键单击可以查看该程序所有窗口和标签的缩略图，再次单击缩略图中的某个窗口，即可将该窗口显示于桌面的最前端。

● 中键单击：中键单击程序的图标后，会新建该程序的一个窗口。如果鼠标上没有中键，也可以单击滚轮实现中键单击的效果。

💡 **右键单击**：右键单击一个图标，可以打开跳转列表，查看该程序历史记录和解锁任务栏以及关闭程序的命令。

任务栏的快速启动区图标可以用鼠标左键拖动移动，来改变它们的顺序。

对于已经启动的程序的任务栏按钮，Windows 10还有一些特别的视觉效果。譬如某个程序已经启动，那么该程序的按钮周围就会添加边框；在将光标移动至按钮上时，还会发生颜色的变化；另外如果某程序同时打开了多个窗口，按钮周围的边框的个数与窗口数相符；用光标在多个此类图标上滑动时，对应程序的缩略图还会出现动态的切换效果。

显示正打开的多个同类窗口

2 操作通知区域

通知区域位于任务栏的右侧，其作用与老版本一样，用于显示在后台运行的程序或者其他通知。不同之处在于，老版本的Windows中会默认显示所有图标，但在Windows 10中，默认情况下这里只会显示最基本的系统图标，分别为操作中心、电源选项(只针对笔记本电脑)、网络连接和音量图标。其他被隐藏的图标，需要单击上方向箭头才可以看到。

用户也可以把隐藏的图标在通知区域显示出来，或者将显示的图标隐藏。其具体方法如下。

01 在系统桌面上右击，在弹出的菜单中选择【个性化】命令，打开【设置】对话框，选择【任务栏】选项。

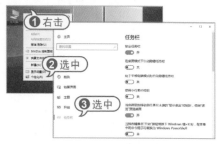

02 在【任务栏】选项区域中向下滑动窗口，单击【选择哪些图标显示在任务栏上】选项。

03 在打开的对话框中，用户可以设置在任务栏通知区域中显示或隐藏的图标。

3 调整系统时间

系统时间位于通知区域的右侧，可以同时显示日期和时间，单击该区域会弹出菜单显示日历和时间。

如果用户需要调整Windows 10的日期和时间，可以按下列步骤操作。

01 单击任务栏右侧的【操作中心】按钮。在打开的界面中单击【所有设置】选项，打开【Windows设置】对话框，然后选择【时间和语言】选项，打开【设置】对话框，选择【日期和时间】选项。

02 在【日期和时间】选项区域中关闭【自动设置时间】选项，然后单击【更改日期和时间】选项下的【更改】按钮。

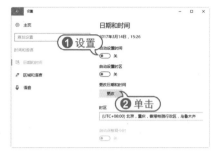

03 在打开的【更改日期和时间】对话框中，用户可以根据需要自定义当前的系统日期和时间，完成后单击【更改】按钮。

4 显示系统桌面

Windows 10系统的【显示桌面】按钮位于任务栏的最右端，将光标移动至该按钮上，会将系统中所有打开的窗口都隐藏，只显示窗口的边框；移开光标后，会恢复原来的窗口。

如果单击【显示桌面】按钮，则所有打开的窗口都会被最小化，不会显示窗口边框，只会显示完整桌面。再次单击该按钮，原先打开的窗口则会被恢复显示。

2.4 使用开始菜单

开始菜单指的是单击任务栏中的开始按钮⊞所打开的菜单。通过该菜单，用户可以访问硬盘上的文件或者运行安装好的程序。Windows 10相比其他版本的Windows系统最直观的变化就是开始菜单，其融合了Windows 8和传统Windows【开始】菜单的样式，给人一种既美观又亲切的视觉体验。

Windows 10的开始菜单由【电源】按钮⏻、【设置】按钮⚙、【账户】按钮⊙、【程序和应用】列表以及个性化磁贴区域组成，其各自的功能说明如下。

◗ 【电源】按钮：单击该按钮后，用户可

以在弹出的菜单中设置电脑关机、重启或进入睡眠状态。

◗ 【设置】按钮：单击该按钮后，可以打开【Windows设置】窗口。

◗ 【账户】按钮：单击该按钮后，在弹出

的菜单中，可以设置锁定、注销或更改当前登录Windows 10的账户。

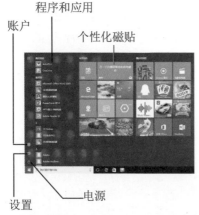

账户 程序和应用 个性化磁贴 设置 电源

💡 【程序和应用】列表：在该列表中，用户不仅可以通过关键字查找电脑中的应用和软件，还可以在列表顶端的【最常用】组中找到电脑中使用频率最高的软件或应用。

💡 个性化磁贴：Windows 10开始菜单中的磁贴，可以帮助用户快速打开指定的软件与文件，并查看应用推送的信息。

下面将总结并介绍开始菜单的一些常用操作。

2.4.1 快速启动或卸载软件

单击任务栏中的开始按钮 ⊞，打开开始菜单后，单击【程序和应用】列表中的任意标题，可以显示如下图所示的关键词搜索键盘。

在关键词搜索键盘中，用户可以通过单击关键词快速找到【程序和应用】列表中的软件。例如，要找到"爱奇艺"客户端软件，单击【拼音A】选项即可。

拼音 A

在【程序和应用】列表中单击搜索到的软件，即可启动该软件。

右击【程序和应用】列表中的软件，在弹出的菜单中选择【卸载】命令，可以将选中的软件从电脑中卸载。

❶右击 ❷选中

2.4.2 将程序固定到磁贴界面

在Windows 10系统中，用户可以将常用的软件程序固定在开始菜单的磁贴界面中，从而减少任务栏快速启动区软件图标的数量。具体设置步骤如下。

01 右击【程序和应用】列表中的软件名称，在弹出的菜单中选择【固定到"开始"屏幕】命令。

❶右击 ❷选中

02 此时，软件将被固定在开始菜单的个性磁贴界面。用户单击开始按钮▦后，在开始菜单中可以用磁贴快速启动软件。

————添加的磁贴

2.4.3 自定义开始菜单功能

若需要在开始菜单中显示例如文件资源管理器、图片、文档等常用Windows功能的启动按钮，可以参考以下操作。

01 右击系统桌面，在弹出的菜单中选择【个性化】命令。

02 打开【设置】窗口，选择【开始】选项，在显示的选项区域中单击【选择哪些文件显示在"开始"菜单上】选项。

03 在打开的窗口中可以定义开始菜单中显示的按钮，例如设置显示【文档】按钮。

04 单击开始按钮▦，在弹出的菜单左侧将显示【文档】按钮▯，单击该按钮将打开相应的文档窗口。

2.4.4 管理开始菜单个性磁贴

在Windows 10的开始菜单中，传统菜单和Metro磁贴共存。在磁贴界面，用户不仅可以随意调整磁贴的布局，还能够通过设置调整磁贴的大小。

1 调整磁贴的布局

在开始菜单中，如果需要调整磁贴界面中磁贴的布局，可以使用鼠标按住某个磁贴拖动至合适的位置后释放即可。

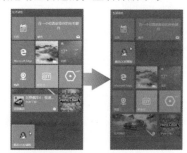

2 设置磁贴的图标大小

若用户需要调整磁贴界面中磁贴的大小，只需要右击磁贴，在弹出的菜单中选择【调整大小】命令，并在显示的子菜单中做出选择即可。

3 删除磁贴

若用户需要删除磁贴界面中的某个磁贴，只需要右击磁贴，在弹出的菜单中选择【从"开始"屏幕取消固定】命令即可。

4 关闭动态磁贴

Windows 10开始菜单中的动态磁贴是为了用户方便浏览应用内容而设置的浏览模式。虽然该模式很方便，但也可能会涉及用户的隐私。若用户需要关闭应用磁贴中的动态效果，可以右击具体的磁贴，在

弹出的菜单中选择【更多】|【关闭动态磁贴】命令。

2.5　使用窗口

窗口是Windows系统里最常见的图形界面，外形为一个矩形的屏幕显示框，是用来区分各个程序的工作区域，用户可以在窗口里进行文件、文件夹及程序的操作和修改。本节将介绍Windows 10窗口的常用操作及相关技巧。

在Windows 10中，窗口一般分为系统窗口和程序窗口。系统窗口是指如【文件资源管理器】窗口等Windows系统必备窗口。程序窗口是Windows中已安装或预安装的各个应用程序所使用的执行窗口。两大类窗口的组成部分大致相同，主要由快捷工具栏、标题栏、地址栏、搜索栏、工具栏、导航空格、窗口工作区等组成。

● 标题栏：在Windows 10窗口中，标题栏位于窗口的顶端，标题栏最右端显示【最小化】–、【最大化/还原】口、【关闭】× 3个按钮。【最小化】是指将窗口缩小为任务栏上一个图标；【最大化/还原】是指将窗口充满整个屏幕，再次单击该按钮则窗口恢复为原样；【关闭】是指将窗口关闭退出。通常情况下，用户可以通过标题栏来进行移动窗口、改变窗口的大小和关闭窗口操作。

● 地址栏：其用于显示和输入当前浏览位置的详细路径信息。Windows 10的地址栏提供按钮功能。单击地址栏文件夹后的 › 按钮，弹出一个下拉菜单，里面列出了与该文件夹同级的其他文件夹。在该菜单中选择相应的路径便可以跳转到对应的文件夹。

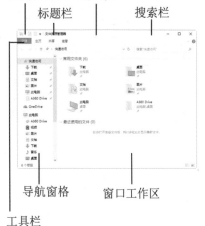

快捷工具栏　地址栏
标题栏　　　　　搜索栏

导航窗格　　　窗口工作区

工具栏

搜索栏：使用窗口右上角的搜索栏，用户可以在电脑中搜索各种文件。搜索文件时，地址栏中会显示搜索进度。

工具栏：其位于地址栏的上方，提供了一些基本工具和菜单任务。

窗口工作区：窗口工作区用于显示窗口中的主要的内容，如多个不同的文件夹、磁盘驱动等。它是窗口中最主要的部位。

导航窗格：导航窗格位于窗口左侧的位置。它给用户提供了树状结构的文件夹列表，从而方便用户迅速地定位所需的目标。导航窗格从上到下分为不同的类别。通过单击每个类别前的箭头，可以展开或者合并。

快捷工具栏：Windows 10窗口中的快捷工具栏提供了【属性】、【新建文件夹】等快捷按钮。单击快捷工具栏右侧的 ▼ 按钮，可以使用弹出的列表在快捷工具栏中添加更多的快捷按钮。

2.5.1 打开与关闭窗口

打开窗口主要有两种方式。本节以Windows 10中的【此电脑】窗口为例进行介绍。

双击桌面图标：在桌面上的【此电脑】图标上双击，即可打开该图标所对应的窗口。

通过快捷菜单：右击【此电脑】图标，在弹出的快捷菜单上选择【打开】命令。

关闭窗口有多种方式。本节同样以【此电脑】窗口为例进行介绍。

单击【关闭】按钮：直接单击窗口标题栏右上角的【关闭】按钮×，将【此电脑】窗口关闭。

使用菜单命令：在窗口标题栏上右击，在弹出的快捷菜单中选择【关闭】命令来关闭【此电脑】窗口。

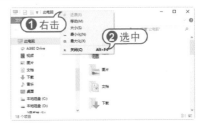

使用任务栏：在任务栏中需要关闭的窗口图标上右击，在弹出的快捷菜单中选择【关闭窗口】命令来关闭该窗口。

2.5.2 调整窗口的大小

前面介绍了窗口的最大化、最小化、关闭等操作。除了这些操作，用户还可以通过对窗口的拖动来改变窗口的大小。用户只需将鼠标指针移动到窗口四周的边框或4个角上，当光标变成双箭头形状时，按住鼠标左键不放进行拖动即可以拉伸或收缩窗口。具体操作如下。

01 双击系统桌面上的【此电脑】图标，打开【此电脑】窗口。

02 将鼠标光标放置在【此电脑】窗口标题栏至屏幕的最上方，当光标碰到屏幕的上方边沿时，按住鼠标左键拖动即可调整窗口的高度。

03 同样，将鼠标指针放置在窗口左侧或右侧的边框上，按住鼠标左键拖动，可以调整窗口的宽度。

04 将鼠标指针放置在窗口标题栏上，然后按住鼠标左键拖动即可移动窗口。当光标碰到屏幕的右边边沿时，松开鼠标左键。这时，【此电脑】窗口将占据一半屏幕的区域。

05 同样，将窗口移动到屏幕左边沿也会

将窗口大小变为屏幕靠左边的一半区域。

06 将窗口移动到屏幕顶部，窗口将以全屏的方式显示。要恢复窗口的大小，双击窗口中的标题栏即可。

2.5.3 排列窗口

Windows 10系统中提供了层叠、堆叠、并排这3种窗口排列方式。其具体实现方法如下。

01 打开多个窗口，然后在任务栏的空白处右击，在弹出的快捷菜单中选择【层叠窗口】命令。

02 此时，打开的所有窗口(除了最小化的窗口)将会以层叠的方式在桌面上显示。

03 重复步骤1，选择【堆叠显示窗口】命令，则打开的所有窗口(除了最小化的窗口)将会以堆叠的方式在桌面上显示。

04 重复步骤1，选择【并排显示窗口】命令，则打开的所有窗口(除了最小化的窗口)将会以并排的方式在桌面上显示。

2.5.4 ◀ 切换预览窗口

Windows系统中，用户可以打开多个窗口并在这些窗口之间进行切换预览。Windows 10操作系统提供了多种方式让用户快捷方便地切换预览窗口。下面就详细介绍这几种方式。

1 Alt+Tab键预览窗口

在Windows 10中按下Alt+Tab键后，切换面板中会显示当前打开的窗口的缩略图，并且除了当前选定的窗口外，其余的窗口都呈现透明状态。按住Alt键不放，再按Tab键或滚动鼠标滚轮就可以在现有窗口

缩略图中切换。

2 Win+Tab键切换窗口

当用户按下Win+Tab组合键切换窗口时，可以看到全屏窗口切换效果。此时，按住Win键不放，再按Tab或滚动鼠标滚轮来切换各个窗口。

3 通过任务栏图标预览窗口

当用户将鼠标指针移至任务栏中某个程序按钮上时，在该按钮上方会显示与该程序相关的所有打开窗口的预览缩略图。单击其中的某一个缩略图，即可切换至该窗口。

2.6 使用对话框和向导

对话框和向导是Windows操作系统里的次要窗口。通过它们可以完成特定命令和任务。它们和窗口的最大区别就是没有最大化和最小化按钮，一般不能改变其形状大小。

2.6.1 ◀ 使用对话框

Windows 10操作系统中的对话框多种多样。一般来说，对话框中的可操作元素主要包括命令按钮、选项卡、单选按钮、复选框、文本框、下拉列表框和数值框等。但要注意，并不是所有的对话框都包含以上所有的元素。下面将对其中的主要元素逐一进行介绍。

1 命令按钮

命令按钮指的是在对话框中形状类似于矩形的按钮，在该按钮上会显示按钮的名称。例如在【鼠标属性】对话框中就包含【设置】、【确定】和【取消】3个命令按钮。这些按钮的作用分别如下。

🔹 单击【设置】按钮，系统会打开另外一个对话框。

● 单击【确定】按钮，保存设置并关闭对话框。

● 单击【取消】按钮，不保存设置，直接关闭对话框。

2 选项卡

当对话框中包含多项内容时，对话框通常会将内容分类归入不同的选项卡，这些选项卡按照一定的顺序排列在一起。例如在【鼠标属性】对话框中就包含【鼠标键】、【指针】、【指针选项】、【滑轮】和【硬件】5个选项卡，单击其中某个选项卡便可打开该选项卡。

选项卡

3 单选按钮

单选按钮是一些互相排斥的选项。每次只能选择其中的一个选项。被选中的圆圈中会显示一个黑点。

在【鼠标属性】对话框的【滑轮】选项卡中就包含多个单选按钮。同一选项组中的单选按钮在任何时候都只能选择其中的一个选项。若要选中该单选按钮，只需在该单选按钮上单击即可。

4 复选框

复选框中所列出的各个选项是不互相排斥的。用户可根据需要选择其中的一个或多个选项。每个选项的左边有一个小正方形作为选择框，一个选择框代表一个可以打开或关闭的选项。当选中某个复选框时，左侧选择框内出现一个"√"标记。在空白选择框上单击便可选中当前选项，再次单击这个选择框便可取消选择。

5 文本框

文本框主要用来接收用户输入的信息。当在空白文本框中单击时，鼠标指针变为闪烁的竖条(文本光标)状，表示等待用户的输入，输入的正文从该插入点开始。如果文本框内已有正文，则单击时正文将被选中，此时输入的内容将替代原有的正文。用户也可用Delete键或Back Space键删除文本框中已有的正文。

6 下拉列表框

下拉列表框是一个带有下拉按钮的文本框，用来在多个项目中选择一个，选中的项目将在下拉列表框内显示。当单击下拉列表框右边的下三角按钮时，将出现一个下拉列表供用户选择。

7 数值框

数值框用于输入或选中一个数值。它由文本框和微调按钮组成。在微调框中，单击上三角的微调按钮可增加数值，单击下三角的微调按钮可减少数值。用户也可以在文本框中直接输入需要的数值。

2.6.2 使用向导

Windows 系统有各种各样的向导，用于帮助用户设置系统选项或使用程序。向导的元素和对话框相似，也没有最大化、最小化按钮。在Windows 10中保留了以前Windows版本中的【下一步】、【取消】按钮，并且保持了界面的一致。这些按钮依然在向导界面的右下角，【上一步】按钮在【下一步】按钮的左侧。

【例2-5】通过向导在Windows 10中添加共享打印机。 视频

01 单击开始按钮，在弹出的菜单中选择【设置】选项，打开【Windows设置】窗口后选择【设备】选项。

02 打开【添加打印机和扫描仪】窗口，选择【添加打印机或扫描仪】选项。

03 此时，系统将搜索与电脑相连的打印机。单击【我需要的打印机不在列表中】选项。

04 打开【添加打印机】对话框，选择【按名称选择共享打印机】单选按钮，然后单击【浏览】按钮。

05 在打开的窗口中选择打印机所在的主

机，然后单击【选择】按钮。

06 在打开的对话框中选中一台打印机后，单击【选择】按钮。

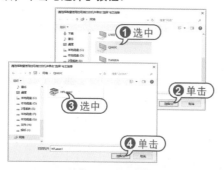

07 返回【添加打印机】对话框，单击

【下一步】按钮即可成功添加打印机。

08 最后，在打开的对话框中单击【完成】按钮即可。

2.7 安装与卸载软件

在使用电脑时，如果想要使用某个软件，首先需要将该软件安装到电脑中。如果软件过时或者是不想用了，还可以将其卸载以节省硬盘空间。本节将介绍如何在Windows 10操作系统中安装和卸载软件。

2.7.1 安装软件前的准备

任何事情要想做好，都要做好充分的准备工作。安装软件也是这样，只有做足了准备工作，才能保证安装过程的顺利。

1 获取安装文件

要想安装某个软件，首先要获得该软件的安装文件。一般来说，获得安装文件的方法有以下两种：

🔵 从相应的应用软件销售商那里购买安装光盘。

🔵 直接从网上下载。大多数软件直接从网上下载后就能够使用，而有些软件需要注册或购买激活码才能够使用。

2 找到软件安装序列号

为了防止盗版，维护知识产权，正版的软件一般都有安装的序列号，也叫注册码。安装软件时必须要输入正确的序列号，才能够正常安装。序列号一般可通过以下途径找到：

🔵 大部分的应用软件会将安装的序列号印刷在光盘的包装盒上，用户可在包装盒上直接找到该软件的安装序列号。

🔵 某些应用软件可能会通过网站或手机注册的方法来获得安装序列号。

🔵 大部分免费的软件不需要安装序列号，例如QQ、360安全卫士等。

3 运行软件安装文件

安装程序一般都有特殊的名称。将应用软件的安装光盘放在光驱中，然后进入光盘驱动器所在的文件夹，可发现其中有后缀名为.exe的文件，其名称一般为Setup、Install或者是"软件名称".exe，这就是安装文件了，双击该文件，即可启动应用软件的安装程序，然后按照提示逐步进行操作就可以安装了。

2.7.2 安装电脑软件

本节以安装Photoshop软件为例来介绍安装软件的基本方法。

01 首先用户应获取Photoshop的安装光盘或者安装包，然后找到并双击安装程序(一般来说，软件安装程序的文件名为Setup.exe)。

02 打开软件安装界面，在【使用条款】界面中选中【我已阅读并同意使用条款】复选框，然后单击【继续】按钮。

03 在打开的界面中单击【继续】按钮，即可开始安装Photoshop软件。

软件成功安装后，在开始菜单和桌面上都将自动添加相应程序的快捷方式，以方便用户使用。

2.7.3 安全卸载软件

如果用户不需要某个软件了，可以将其卸载以节省磁盘空间。在Windows 10中卸载软件可采用以下3种方法。

● 通过软件自身在开始菜单中提供的卸载功能卸载软件。

● 在开始菜单中右击软件的名称，在弹出的菜单中选择【卸载软件】命令。

● 通过【程序和功能】窗口卸载软件。

大部分软件都提供了内置的卸载功能，例如用户要卸载【360安全卫士】，可单击开始按钮 ⊞ ，在弹出的菜单中选择【360安全中心】|【360安全卫士】|【卸载360安全卫士】命令。

此时，系统会弹出软件卸载提示对话框，选择【我要卸载】按钮，即可开始卸载360安全卫士。

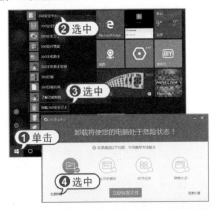

进阶技巧

用户应注意区分删除文件和卸载程序的区别。删除程序安装的文件夹并不等于卸载，删除只是删除了和软件相关的文件和文件夹，但该软件在安装时写入到注册表等文件中的信息并没有被删除。而卸载则能将与该软件相关的信息全部删除。

【例2-6】在Windows 10中卸载【酷狗音乐】软件。 ◎视频

01 右击开始按钮 ⊞ ，在弹出的菜单中选

择【控制面板】命令，打开【控制面板】窗口后单击【卸载程序】选项。

02 打开【程序和功能】窗口，在【名称】列表框中右击【酷狗音乐】选项，在

弹出的菜单中选择【卸载/更改】命令。

03 打开软件卸载界面，根据提示选择卸载软件，单击【下一步】按钮，然后根据软件的提示操作即可。

2.8 使用Windows 10附件工具

Windows 10系统自带了很多工具软件方便用户使用。这些软件包括写字板、画图程序、计算器等。即使电脑没有安装专业的应用程序，用户也可以通过这些Windows 10自带的工具软件，处理日常的编辑文本、绘制图像、计算数值等生活办公事项(这些软件都被系统放置在"Windows附件"中)。

在Windows 10系统中单击开始按钮■，在弹出的菜单中单击任意标题，在显示的关键词搜索键盘中单击W选项，在显示的区域中单击【Windows附件】选项，即可展开Windows系统常用的附件工具。

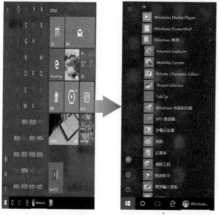

下面将介绍几个常用附件工具的使用

方法。

2.8.1 使用写字板

写字板程序是Windows系统自带的一款文字图片编辑和排版的工具软件，用户使用写字板可以制作简单文档，完成输入文本、设置格式、插入图片等操作。

本节将使用写字板程序创建一个简单的文档，然后对其进行编辑，在实践中介绍写字板的使用方法。

【例2-7】使用写字板工具创建一个图文并茂的文档。 视频

01 按下Win+Q组合键，打开Cortana搜索栏(用户也可以单击任务栏左下角的○按钮打开Cortana搜索栏)，然后在搜索栏底部的文本框中输入"写字板"后，按下回车键，打开【写字板】工具。

02 将鼠标光标定位在写字板中，然后输入文本"多肉植物"。选中输入的文本，将文本的格式设置为【华文行楷】、【加粗】、28号、【居中】。

03 按回车键换行，然后输入多肉植物简介，并设置其字体为【华文细黑】、字号为12，对齐方式为【左对齐】。

04 选中正文部分，在【字体】组中单击【文本颜色】下拉按钮，选择【鲜蓝】选项，为正文文本设置字体颜色。

05 将光标定位在正文的末尾，然后按Enter键换行。在【插入】区域单击【图片】按钮，打开【选择图片】对话框。

06 在【选择图片】对话框中选择一幅图片，然后单击【打开】按钮。

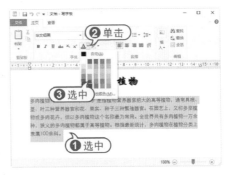

07 此时，将在文档中插入图片。用户使用图片四周的控制点调整插入图片的大小。

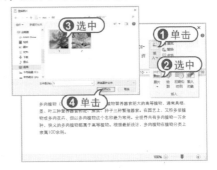

08 使用同样的方法插入另外两张图片，

并调整两张图片的大小和位置。按下Ctrl+S组合键，打开【另存为】对话框，在【文件名】文本框中输入"多肉植物"，然后单击【保存】按钮将文档保存。

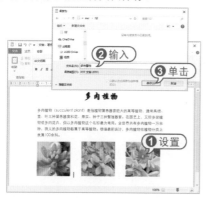

2.8.2 使用计算器

计算器是Windows 系统中的一个数学计算工具，功能和日常生活中的小型计算器类似。计算器程序具有标准型和科学型等多种模式。用户可根据需要选择特定的模式进行计算。本节将介绍计算器的使用方法。

1 使用标准计算器

第一次打开计算器程序时，计算器就在标准型模式下工作。这个模式可以满足用户大部分日常简单计算的要求。

【例2-8】使用标准型计算器计算算式62×8 +75.8×20的结果。 ▶视频▶

01 参考【例2-7】介绍的方法，利用Cortana搜索栏搜索并打开计算器工具。

02 先来计算62×8的值，单击数字按钮6，在计算器的显示区域会显示数字6。

03 依次单击数字键2、乘号"×"、数字8和等号"="，即可使用计算器计算出62×8的值为496。

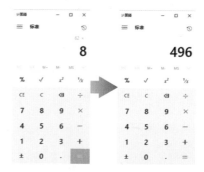

04 单击存储按钮MS，将显示区域中的数字保存在存储区域中，然后开始计算75.8×20的值。

05 依次单击7、5、"."、8、"×"、2、0和"="按钮，计算出75.8×20的值为1516。

06 单击M+按钮，将显示区域中的数字和存储区域中的数字相加，然后单击MR按钮，将存储区域中的数字调出至显示区域，得到结果为2012。

2 使用科学计算器

当用户进行比较专业的计算工作时，科学型计算器模式就可以发挥它的功能。在使用科学型计算器之前，需要将计算器设置为科学型模式。

【例2-9】使用科学型计算器计算128°角的正弦值。 ▶视频▶

01 在标准型计算器中选择【标准】|【科学】命令，将计算器切换到科学型模式。

02 系统默认的输入方式是十进制的角度输入，因此直接依次单击1、2和8这3个按钮输入角度128。

03 单击计算正弦函数的按钮sin，即可计算出128°角的正弦值，并显示在显示区域中。

3 使用日期计算功能

计算器还提供了一个日期计算功能，能够帮助用户方便地计算两个日期之间相差的天数。例如要计算2017年的8月20日到2018年的12月28日之间相差几天，可执行以下操作。

01 在计算器的主界面中选择【标准】|【日期计算】命令，打开日期计算面板。

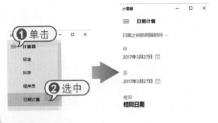

02 单击【自】按钮，在显示的选项区域中设置起始日期，然后单击【至】按钮，在显示的选项区域中设置截止日期。

03 此时，两个日期之间相差的天数将显示在计算器的下方。

2.8.3 使用画图工具

Windows系统自带的画图程序是一个图像绘制和编辑程序。用户可以使用该程序绘制简单的图形，也可以查看和编辑其他图片。

1 绘制图形

使用画图工具绘制图形的方法如下。

01 单击开始按钮⊞，在弹出的菜单中选择【Windows附件】|【画图】命令，打开画图工具。

02 将颜色栏中的【颜色2】设置为【黑色】，单击工具栏中的 ✎ 按钮再右击绘图区，可以设置背景填充色为黑色。

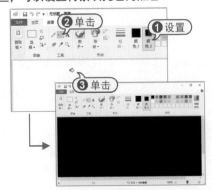

03 将颜色栏中的【颜色1】设置为【黄色】，单击【形状】组中的 按钮，选择其中的【四角星形】选项。

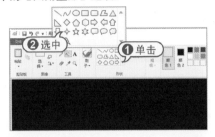

04 单击【粗细】按钮，在弹出的列表中可以选择绘制形状的粗细程度。完成设置后，将鼠标移动到绘图区，鼠标光标变成一个空心十字形状，按住鼠标左键拖动，可以绘制一个外框线是黄色的四角星。

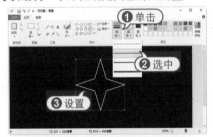

05 单击工具栏中的 按钮再单击四角星内部，将四角星填充为黄色。

06 使用同样的方法，可以绘制其他更多的图形。完成后的效果如下图所示。

07 单击【刷子】按钮，在弹出的列表中选择一种刷子形状，然后在绘图区中按住鼠标左键拖动，可以绘制各种自定义的形状。

08 完成图形的绘制后，按下Ctrl+S组合键打开【另存为】对话框，输入图片名称并指定图片保存路径后，单击【保存】按钮即可将绘制的图片保存。

2 编辑图形

画图程序除了能绘制图形以外，还可以对已有的图形进行编辑修改。首先导入图片，然后用图像栏里的几种工具对图片进行编辑修改。

◖ 打开图像：打开图像很简单。只需单击功能区里的【文件】按钮，在弹出的下拉菜单中选择【打开】命令，会打开【打开】对话框。选择硬盘里的图像文件，单击【打开】按钮即可在画图程序中打开该图像。

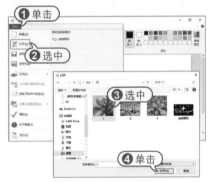

◖ 旋转图像：使用【图像】组里的【旋转或反转】按钮 可以将图像进行旋转或翻转编辑。其中，包含【向右旋转90度】、【向左旋转90度】、【旋转180度】、【垂直翻转】、【水平翻转】这5个命令。下图所示为图像【向右旋转90度】后的效果。

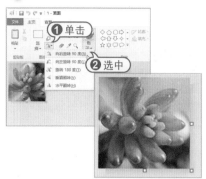

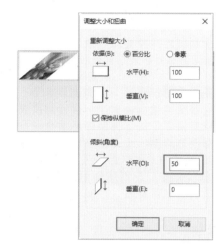

● 调整图像大小：在图像栏里单击【调整大小和扭曲】按钮 🖵，打开【调整大小和扭曲】对话框。在该对话框中，用户可以调整当前工具选中图像的大小。比如在【重新调整大小】栏的【水平】文本框内输入50(可以输入1~500之间的任意数值)，【垂直】文本框也随之变为50，这是因为【保持纵横比】复选框一直被选中，图像不会变形。下图所示调整图形大小为原图的一半。

● 设置扭曲图像：扭曲图像是调整【调整大小和扭曲】对话框里【倾斜】栏里的数值来达成图像的扭曲，在【水平】或【垂直】文本框内输入角度数值，比如50(可以输入-89~89之间的任意数值)，完成扭曲图像操作。

2.8.4 使用截图工具

截图工具是Windows的附件工具，它能够方便快捷地帮助用户截取电脑屏幕上显示的任意画面。它主要提供任意格式截图、矩形截图、窗口截图、全屏截图这4种截图方式。

1 任意格式截图

单击开始按钮 ⊞，在弹出的菜单中选择【Windows附件】|【截图工具】命令，即可打开截图工具。

任意格式截图就是指对当前屏幕窗口中的任意区域、任意格式、任意形状的图形画面进行截图。其具体方法如下。

01 打开截图工具，单击【新建】按钮，在弹出的列表中选择【任意格式截图】选项。

02 此时屏幕画面变成蒙上一层白色的样式，鼠标指针变为剪刀形状。然后，在屏幕上按住鼠标左键拖动，鼠标轨迹为红线状态。

03 释放鼠标时，即把红线内部分截取到截图工具中，并打开【截图工具】窗口。

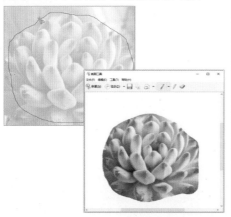

04 在【截图工具】窗口中，还有3个编辑工具按钮：【笔】 、【荧光笔】 、【橡皮擦】 。使用这些工具，用户可以对截图进行编辑。【笔】可以随意在截图上绘画，还可以更换笔的颜色和样式；【荧光笔】和现实中的荧光笔相似，无法更改颜色和样式；【橡皮擦】只能擦除【笔】和【荧光笔】编辑效果，无法改变截图的初始效果。

05 编辑完毕后，按下Ctrl+S组合键，即可将截图文件保存。

2 矩形截图

　　【矩形截图】命令就是以用鼠标拖拉出矩形虚线框，框内所选择的即为截图内容。其步骤和【任意格式截图】命令相似。打开截图工具后，选择【矩形截图】命令，此时鼠标变成十字形状，按住鼠标左键拖动选择矩形框大小，释放鼠标后即可截图到【截图工具】编辑窗口。

3 窗口和全屏截图

　　窗口截图能截取所有打开窗口中某个窗口的内容画面。其步骤也很简单，打开截图工具后选择【窗口截图】命令，此时当前窗口周围出现红色边框，表示该窗口为截图窗口，单击该窗口后，弹出【截图工具】编辑窗口，同时该窗口内所有内容画面都被截取下来了。

　　全屏截图和窗口截图类似，也是打开截图工具后选择【全屏截图】命令，程序会立刻将当前屏幕所有内容画面存放到【截图工具】编辑窗口中。

2.9　使用Windows 10快捷操作

　　Windows 10系统和以往Windows系统一样，包含了大量键盘快捷键。使用快捷键，可以大幅加快系统的操作速度。

　　Windows 10系统中常用的快捷操作如下：

　　 按下Win+D组合键可以立即显示系统桌面。

　　 按下Win+A组合键可以立即打开【操作中心】窗口。

　　 按下Win+G组合键可以打开Xbox游戏录制工具栏，供用户录制游戏视频或截屏。

　　 按下Win+I组合键可以立即打开【Windows设置】窗口。

　　 按下Win+方向键可以移动当前应用窗口。

　　 按下Win+S组合键可以立即打开

Cortana搜索窗口。

🐾 按下Win+Ctrl+左右方向键可以切换虚拟桌面。

🐾 按下Win+Ctrl+D组合键可以创建一个虚拟桌面。

🐾 按下Win+Tab组合键可以打开如下图所示的虚拟桌面视图。

🐾 按下Win+Ctrl+F4组合键可以关闭当前虚拟桌面。

🐾 按下Alt+F4组合键可以快速关机。

🐾 按下Win+M组合键可以最小化所有正在打开的窗口。

🐾 按下Ctrl+Shift+Esc组合键可以打开【任务管理器】窗口。

🐾 按下Ctrl+Alt+Tab组合键可以在打开的窗口之间切换。

🐾 按下F6键可以在打开的窗口中循环切换元素。

🐾 按下F5(或Ctrl+R)键可以刷新当前打开的窗口(例如网页)。

🐾 按下Ctrl+N组合键可以创建一个新窗口。

🐾 按下F11键可以最大化或者最小化当前窗口。

🐾 按下Ctrl+W组合键可以关闭当前打开的窗口。

🐾 在窗口中选中一个文件后，按下Alt+P组合键可以显示预览窗格。

🐾 在文件夹中按下Alt+左方向键，可以查看上一级文件夹，按下Alt+右方向键可以查看下一级文件夹。

🐾 按住Shift键单击任务栏上的一个程序按钮，可以快速创建一个该程序文档。

🐾 按住Ctrl+Shift组合键单击任务栏上的一个程序按钮，可以使用系统管理员的身份打开该程序。

🐾 按住Shift键右击任务栏上的某个程序或窗口图标，可以显示其窗口菜单。

2.10 进阶实战

本章的进阶实战部分将通过实例操作介绍使用Windows 10系统的一些方法和技巧，帮助用户进一步巩固所学知识。

2.10.1 使用应用商店

【例2-10】在Windows 10中使用应用商店安装应用。🎬 视频

01 按下Win+Q组合键，打开Cortana搜索栏，输入"应用商店"后按下回车键，打开Windows 10应用商店。

02 在应用商店界面右上角的搜索栏中输入需要安装的应用名称(例如"微信")后，按下回车键，即可通过应用商店搜索应用，并显示搜索结果。

03 在搜索界面中单击【获取】按钮，即可开始下载并安装应用。

04 应用安装完毕后，单击开始按钮⊞，在弹出的菜单中的【最近添加】栏将显示添加的"微信应用"。

2.10.2 使用Windows 10便笺

【例2-11】在Windows 10中使用便笺工具。（视频）

01 单击任务栏右下角的【操作中心】按钮，在弹出的窗口中单击【便笺】选项。

02 在打开的便笺界面中选择登录账户的类型。

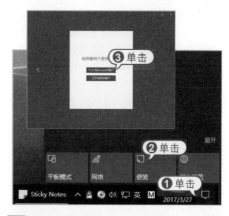

03 在打开的界面中输入微软账户的登录账户和密码后单击【登录】按钮。

04 在打开的界面中输入当前Windows系统的登录密码，然后单击【下一步】按钮。

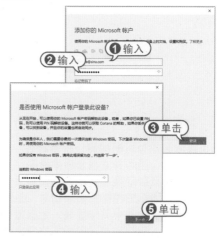

05 在打开的界面中单击【开始使用One Note】按钮。

06 打开便笺主界面，单击【开始记录笔记】选项，即可创建一个新的便笺页。

07 输入便笺的标题后，在内容部分单击即可创建一个新的页面，输入要记录的事件内容。

08 使用同样的方法，可以在便笺中记录更多的事件。单击便笺界面右上角的【插入来自文件的图片】按钮🖼，打开【打开】对话框，可以在便笺中插入图片。

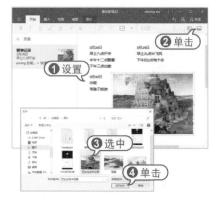

09 单击界面右侧的【+页面】按钮，可以添加新的便笺页面。

10 如果用户要删除便笺页，可以在窗口右侧的列表中右击，在弹出的菜单中选择【删除页】命令即可。

2.11 疑点解答

●问：如何在Windows 10系统下同时安装Windows 7并创建双系统？

答：在电脑上安装Windows 10操作系统后，如果还想再安装一个Windows 7系统，可以参考以下步骤。

01 首先要在硬盘上创建一个系统分区，用于安装Windows 7系统。

02 在Windows 10中运行Windows 7官方安装文件下的Setup文件。

03 在打开的Windows 7安装界面中单击【现在安装】按钮，然后按照Windows 7软件安装向导的提示，将Windows 7系统安装在步骤1划分的硬盘分区上。

04 系统安装完毕后，重新启动电脑，在启动界面中将会自动添加Windows 10和Windows 7双系统选择启动提示。选择进入Windows 7系统。

05 最后，根据电脑的硬件配置在Windows 7系统中安装各类驱动。

第3章

Windows 10深入设置

通过对Windows 10的深入设置，不仅可以自定义操作系统的主题、声音、账户、背景和桌面图标等，方便企业IT人员实施标准化的系统桌面，还能够帮助用户根据自己的需求调整电脑的功能，使其更好地服务于工作和生活。

对应光盘视频

例3-1 更改系统桌面背景
例3-2 设置开始菜单外观
例3-3 设置屏幕保护程序
例3-4 设置鼠标指针形状
例3-5 设置系统电源计划
例3-6 创建本地用户账户

例3-7 更改用户账户类型
例3-8 设置用户账户权限
例3-9 修改用户账户密码
例3-10 删除系统用户账户
例3-11 设置默认程序
本章其他视频文件参见配套光盘

3.1 设置桌面外观与主题

系统桌面的外观元素和主题是用户个性化工作环境最明显的体现。Windows 10与之前其他版本的Windows系统一样，允许用户根据自己的喜好和需求来改变桌面图标、桌面背景、系统声音、屏幕保护程序等设置。

3.1.1 更改桌面背景

桌面背景就是Windows 10系统桌面的背景图案，又称为"壁纸"。背景图片一般是图像文件，Windows 10系统自带了多个桌面背景图片供用户选择使用，用户也可以自定义桌面背景。

【例3-1】设置更改Windows10系统的桌面背景图。（视频）

01 在系统桌面上右击，在弹出的菜单中选择【个性化】命令，打开【设置】窗口，选择【背景】选项。

02 在显示的选项区域中，单击【选择图片】组中的图片即可使用Windows 10自带的图片更改操作系统的桌面背景。

03 单击【选择契合度】按钮，在弹出的菜单中可以设置背景图的显示方式。

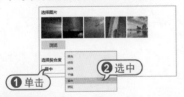

04 单击【背景】按钮，在弹出的菜单中

选择【纯色】命令，在显示的【背景色】组中可以为桌面设置纯色背景。

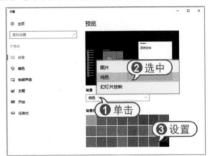

05 单击【背景】按钮，在弹出的菜单中选择【幻灯片放映】命令，在显示的选项组中，用户可以在桌面上设置定时放映幻灯片背景。

06 单击【浏览】按钮，在打开的对话框中选择一个文件夹，然后单击【选择此文件夹】按钮，Windows 10将自动使用该文件夹中的图片作为幻灯片播放图片。

3.1.2 设置个性化图标

Windows 10允许用户自定义系统桌面上的图标名称、样式和大小等属性，具体方法如下。

1 重新命名图标

重命名桌面图标名称的方法是：右击图标后，在弹出的菜单中选择【重命名】命令，然后输入新的图标名称并按下回车键即可。

2 自定义图标样式

如果用户需要自定义桌面快捷图标的样式，可以按以下方法操作。

01 右击快捷图标，在弹出的菜单中选择【属性】命令，在打开的【属性】窗口中单击【更改图标】按钮。

02 打开【更改图标】对话框，单击【浏览】按钮。

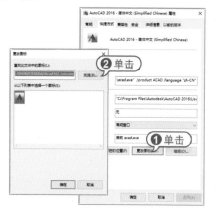

03 在打开的对话框中选择一个图片文件

后单击【打开】按钮，将图片添加至【更改图标】对话框的【从以下列表中选择一个图标】列表框中，然后单击【确定】按钮，返回【属性】对话框中再次单击【确定】按钮即可。

如果用户需要自定义系统图标(例如【此电脑】、【回收站】)的样式，可以按以下步骤操作。

01 在系统桌面上右击，在弹出的菜单中选择【个性化】命令，打开【设置】窗口，选择【主题】选项。

02 在显示的【主题】选项区域中单击【桌面图标设置】选项，在打开的对话框中单击【更改图标】按钮。

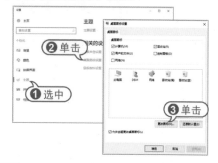

03 打开【更改图标】对话框，选择一种图标样式后，单击【确定】按钮。

04 返回【桌面图标设置】对话框，单击【确定】按钮即可。

3 调整桌面图标大小

在系统桌面右击，在弹出的菜单中选择【查看】命令，在显示的子菜单中用户可以设定桌面图标的大小。

3.1.3 设置桌面外观

在Windows 10中，用户可以自定义窗口、开始菜单以及任务栏的颜色和外观。Windows 10提供了丰富的颜色类型，甚至可以采用半透明的效果。

【例3-2】设置Windows10窗口和开始菜单的颜色和透明度。 ⯈视频

01 右击操作系统桌面，在弹出的菜单中选择【个性化】命令，打开【设置】窗口。

02 在【设置】窗口中选择【颜色】选项，在显示的选项区域中取消【从我的背景自动选取一种主题色】复选框的选中状态。

03 单击【主题色】组中的颜色图标，即可为窗口、开始菜单设置颜色。

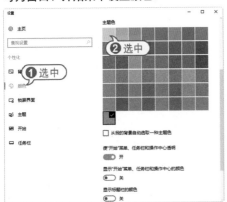

04 向下滑动窗口，可以设置是否显示窗口和开始菜单的颜色，以及是否使开始菜单和操作中心透明。

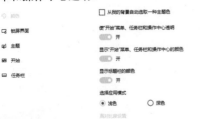

05 完成以上设置后关闭【设置】窗口，桌面的外观效果如下图所示。

3.1.4 设置系统声音

系统声音指的是在系统操作过程中产生的声音，比如启动系统的声音、关闭程序的声音、主题自带声音、操作错误系统提示音等。用户可以参考以下步骤设置Windows 10系统的声音。

01 右击系统桌面，在弹出的菜单中选择【个性化】命令，打开【设置】窗口并选择【主题】选项。

02 在显示的选项区域中单击【高级声音设置】选项，打开【声音】对话框，在【程序事件】列表中选择一个事件(例如【清空回收站】)，然后单击【声音】按钮，在弹出的列表中选择一种声音。

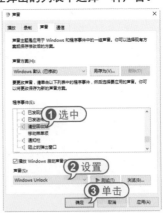

03 最后，单击【确定】按钮即可更改触发【清空回收站】事件时Windows 10系统播放的声音。

3.1.5 设置屏幕保护程序

屏幕保护程序简称为"屏保"，是用于保护电脑屏幕的程序。当用户暂时停止使用电脑时，它能让显示器处于节能的状态。一般情况下，Windows系统提供了多种样式的屏保。用户可以设置屏幕保护程序的等待时间。在这段时间内如果没有对电脑进行任何操作，显示器就进入屏幕保护状态。当用户要重新开始操作电脑时，只需移动鼠标或按下键盘上的任意键，即可退出屏保。

【例3-3】为Windows10系统设置一个屏幕保护程序。 视频

01 右击系统桌面，在弹出的菜单中选择【个性化】命令，打开【设置】窗口，选择【锁屏界面】选项。

02 在显示的选项区域中单击【屏幕保护程序设置】选项。

03 打开【屏幕保护程序】对话框，单击【屏幕保护程序】下拉按钮，在弹出的下拉列表中选择一个屏幕保护程序，在【等待】文本框中设置电脑在进入屏幕保护程序的无操作时间为15分钟。

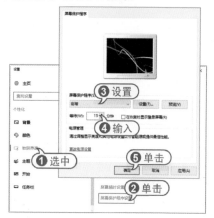

04 单击【确定】按钮，即可完成屏幕保护程序的设置。此时，若电脑15分钟后没有被操作，将自动进入屏幕保护状态。

3.1.6 设置主题

主题是指搭配完整的系统外观和系统声音的一套设置方案。包括上文提到的背景桌面、声音、界面外观、桌面等。Windows系列操作系统一般为用户提供了多种风格主题。在Windows 10中，设置系统主题的方法如下。

01 右击系统桌面，在弹出的菜单中选择【个性化】命令，打开【设置】窗口，选择【主题】选项并单击【主题设置】选项。

02 在打开的【个性化】窗口中的主题列表框中单击一种主题样式，即可为系统应用该主题。

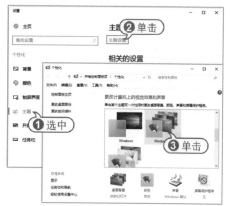

03 Windows 10系统应用主题后，效果如下图所示。

3.1.7 设置屏幕分辨率

屏幕分辨率是指显示器所能显示点

的数量，显示器可显示的点数越多，画面就越清晰，屏幕区域内显示的信息也就越多。在Windows 10中，设置屏幕分辨率的方法如下。

01 右击系统桌面，在弹出的菜单中选择【显示设置】命令，打开【设置】窗口，选择【显示】选项，在显示的选项区域中单击【高级显示设置】选项。

02 打开【高级显示设置】对话框，单击【分辨率】下拉按钮，在弹出的列表中选择一个分辨率后，单击【应用】按钮即可。

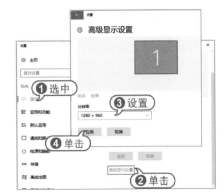

3.2 设置开始菜单和任务栏

用户如果对默认的Windows10的开始菜单和任务栏的外观界面(或使用方式)不满意，可以通过设置来进行修改，让开始菜单和任务栏的使用能更加符合个人习惯。

3.2.1 设置开始菜单

下面将介绍Windows 10开始菜单的几个实用的自定义设置。

1 调整菜单的高度和宽度

将鼠标指针放置在开始菜单的右侧边框上，然后按住鼠标左键拖动可以调整开始菜单的宽度。同样，将鼠标指针放置在开始菜单的顶部边框上，按住左键拖动可以调整开始菜单的高度。

2 设置全屏显示开始菜单

如果用户想让Windows 10开始菜单像Windows 8系统那样全屏显示，可以参考以下方法。

01 右击系统桌面，在弹出的菜单中选择【个性化】命令，打开【设置】窗口，选择【开始】选项，然后开启【使用全屏幕"开始"屏幕】选项。

02 此时，单击【开始】按钮，将显示如下图所示的全屏幕开始菜单。

3 删除开始菜单中的文件夹

随着系统使用时间的逐渐增加，Windows 10开始菜单中的文件夹可能会越来越多，对于那些不再需要的文件夹，可以使用以下方法将其删除。

01 按下Win+E组合键打开【文件资源管理器】窗口，在窗口地址栏中输入：C:\ProgramData\Microsoft\Windows\Start Menu\Programs。

02 在打开的文件夹中选中并右击不需要的文件夹，在弹出的菜单中选择【删除】命令。

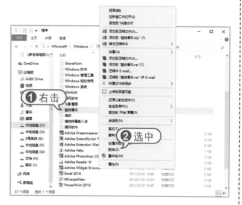

03 重新启动电脑，再打开开始菜单，文件夹已经被删除。

4 创建开始菜单磁贴分组

在开始菜单中，如果用户需要创建多个磁贴分组，只需要将一个磁贴拖动至菜单上的空白处即可。

单击磁贴上方的分组条，输入新的磁贴分组名称后按下回车键，即可命名新的磁贴分组。

3.2.2 设置任务栏

在Windows 10中右击任务栏，在弹出的菜单中可以对任务栏进行设置。

1 设置Cortana的显示状态

右击任务栏，在弹出的菜单中选择Cortana命令，在显示的子菜单中可以设置隐藏Cortana、显示Cortana图标和显示搜索框。

若用户选中【显示Cortana图标】命令，Cortana在任务栏中将显示为⊙。

2 添加工具栏

右击任务栏，在弹出的菜单中选择【工具栏】命令，在显示的子菜单中可以设置在任务栏中添加工具栏。

3 调整任务栏的位置

默认状况下，Windows 10系统里的任务栏处于屏幕的底部。如果用户想要改变任务栏的位置，可以按以下方法操作。

01 右击系统桌面，在弹出的菜单中选择【个性化】命令，打开【设置】窗口，选择【任务栏】选项。

02 在显示的选项区域中单击【任务栏在屏幕上的位置】下拉按钮，在弹出列表中可以设置任务栏在桌面上的位置(例如选择【靠右】选项)。

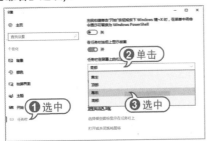

03 此时，任务栏的位置将如下图所示。

4 调整任务栏的大小

默认状态下，Windows 10系统中的任务栏的大小是被锁定的。如果用户需要调整任务栏的大小，可以在打开【设置】窗口后选中【任务栏】选项，在显示的选项区域中关闭【锁定任务栏】选项。

此时，将鼠标指针放置在任务栏的边缘，按住左键拖动即可调整任务栏的大小。

5 设置任务栏中显示的图标

如果用户需要在任务栏中显示或隐藏系统图标(例如网络、音量、时钟等)，可以在打开【设置】窗口后，选择【任务栏】选项，在显示的选项区域中单击【打开或关闭系统图标】选项。

在打开的【打开或关闭系统图标】窗口中，用户可以自定义任务栏中需要显示或隐藏的图标。

6 将软件图标固定到任务栏

如果用户需要将软件固定在任务栏中的快速启动区域内，可以使用以下方法。

01 单击开始按钮，在弹出的菜单中找到需要固定在任务栏中的软件。

02 右击开始菜单中的软件图标，在弹出的菜单中选择【固定到"开始"屏幕】命令，将软件图标固定在磁贴界面。

04 图标被固定到任务栏后,用户可以通过左键单击并拖动的方法,调整其在任务栏中的位置。

05 若用户要将软件图标从任务栏中删除,只需要右击图标,在弹出的菜单中选择【从任务栏取消固定】命令即可。

03 右击磁贴界面中的软件图标,在弹出的菜单中选择【更多】|【固定到任务栏】命令即可。

3.3 设置鼠标和键盘

鼠标和键盘是电脑中最常用的输入工具,电脑操作是无法离开这两者的。有时候,鼠标和键盘的默认设置无法满足用户的需求。此时,用户可以通过对鼠标和键盘的设置,使其外观更适合个人习惯,操作更加顺畅无阻。

3.3.1 设置鼠标

启动电脑后即可使用鼠标。用户可以更改鼠标的某些功能和鼠标指针的外观,例如更改鼠标上按键的功能、调整单击的速度、更改鼠标指针的样式等。

1 更改鼠标指针的形状

在默认情况下,Windows 10操作系统中的鼠标指针的外形为 ▷ 形状。此外,系统也自带了很多鼠标形状,用户可以根据自己的喜好,更改鼠标指针外形。

【例3-4】设置Windows10系统中鼠标指针的形状。 视频

01 单击开始按钮 ⊞ ,在弹出的菜单中选择【设置】选项 ⚙ 。

02 打开【Windows设置】窗口,单击【设备】选项,在打开的窗口中选择【鼠标和触摸板】选项。

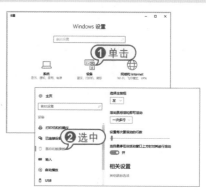

03 在显示的选项区域中单击【其他鼠标】选项。

设置每次要滚动的行数

当我停留在非活动窗口上方时对其进行滚动
开

相关设置

其他鼠标选项

[04] 打开【鼠标属性】对话框，选择【指针】选项卡，然后单击【浏览】按钮。

[05] 打开【浏览】对话框，选择一种鼠标指针样式(可通过网络下载)，在【预览】窗格中预览鼠标指针的效果。

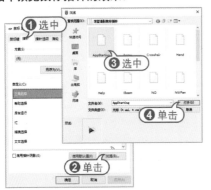

[06] 返回【鼠标属性】对话框，选中添加的鼠标指针样式，然后单击【确定】按钮。

2 更改鼠标按键的功能

在现实生活中，有些用户，习惯用左手使用鼠标。这时用户可以根据自己的需求将鼠标的左键和右键功能互换。此外，还可以调整鼠标双击速度和单击锁定。

这些设置在【鼠标属性】对话框内的【鼠标键】选项卡中实现。该选项卡中的几个选项作用如下。

💡 鼠标键配置：选中【切换主要和次要的按钮】复选框，即可将鼠标的左右键功能

互换。

💡 双击速度：在【速度】滑块上用鼠标左右拖动，可以调整鼠标的双击速度。

💡 单击锁定：选中【启用单击锁定】复选框，可以使用户不用一直按着鼠标按钮就可以高亮显示或拖动。单击鼠标进入锁定状态，再次单击鼠标可以解除锁定。

3.3.2 设置键盘

Windows 10系统下的设置键盘主要是调整键盘的字符重复和光标的闪烁速度，具体方法如下。

[01] 按下Win+X组合键，在弹出的菜单中选择【控制面板】命令，打开【控制面板】窗口。

[02] 在【控制面板】窗口中单击【轻松使用】选项，在打开的窗口中单击【更改键盘的工作方式】选项。

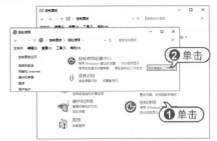

[03] 在打开的对话框中单击【键盘设置】选项，打开【键盘属性】对话框。

04 在【键盘属性】对话框中的【字符重复】栏中拖动【重复延迟】滑块,可以更改键盘重复输入一个字符的延迟时间。

05 拖动【重复速度】滑块,可以改变重复输入字符的速度。

06 在【光标闪烁速度】栏中拖动滑块,可以改变在文本编辑中,文本插入点光标的闪烁速度。

3.4 设置电源

如今的生活中提倡节能减排,如何消耗更少的能源完成更多的工作,是个需要关心的问题。电脑的能源消耗问题也不例外。当下笔记本电脑的普及也使得用户对电池续航时间提出了新要求。用户可以通过Windows 10系统里电源管理的相关设置来避免无谓的电力消耗。

3.4.1 设置电源计划

在Windows 10中,用户可以自定义电脑关闭显示和进入睡眠状态的时间等来设置电脑的电源计划。具体操作如下。

【例3-5】在Windows 10系统设置电脑的电源计划。 ▶视频

01 右击系统桌面,在弹出的菜单中选择【显示设置】命令。

02 打开【设置】窗口,选择【电源和睡眠】选项,在显示的选项区域中单击【其他电源设置】选项。

03 打开【电源选项】窗口,在【首选计划】选项区域中有以下几种电源配置方案。

🔋 高性能:有利于提高性能,但会增加功耗(适合台式电脑以及对电源性能要求较高的用户)。

🔋 平衡:利用可用的硬件自动平衡功耗与性能(一般情况下系统默认选中该选项,适

用于对电源性能要求不高的用户)。

🔋 节能:尽可能降低电脑性能以节能(适合于要求待机时间较长的笔记本型电脑等移动设备)。

选择一种电源配置方案后,单击其后的【更改电源计划】选项。

04 打开【编辑计划设置】窗口,在【关闭显示器】下拉列表中,可以调整关闭显示器的等待时间;在【使计算机进入睡眠状态】下拉列表里,可以调整电脑进入睡眠状态的等待时间。

05 完成电源计划的设置后,单击【保存修改】按钮即可。

3.4.2 设置电源按钮

在Windows系统的默认设置下,一般台式机的电源按钮触发的是关机操作。在电源设置里,用户可以将电源按钮的触发操作调整为睡眠或休眠。其具体方法如下。

01 参考【例3-5】介绍的方法,打开【电源选项】窗口,单击【选择电源按钮的功能】选项。

02 打开【系统设置】窗口,单击【按电源按钮时】按钮,在弹出的列表中可以设置电脑主机电源按钮的功能。

3.5 设置用户账户

Windows 10是一个允许多用户、多任务的操作系统。当多个用户使用一台电脑时,为了建立各自专用的工作环境,每个用户都可以建立个人账户,并设置密码登录,保护自己保存在电脑上的文件安全。每个账户登录之后,都可以对系统进行自定义设置。其中,一些隐私信息也必须登录才能看见。这样使用同一台电脑的每个用户就不会相互干扰了。

3.5.1 新建本地账户

在Windows 10中新建一个本地用户账户的方法有多种。下面介绍一种较为方便的方法。

【例3-6】在Windows 10系统中快速创建一个本地用户账户。 ⏵视频⏵

01 右击系统桌面上的【此电脑】图标,在弹出的菜单中选择【管理】命令。

02 打开【计算机管理】窗口,在窗口右侧的列表中展开【本地用户和组】选项,

然后选中并右击【用户】选项,在弹出的菜单中选择【新用户】命令。

03 打开【新用户】对话框,在【用户名】、【密码】和【确认密码】文本框中输入账号名称和密码后,单击【创建】按钮,再单击【关闭】按钮。

04 此时,在【计算机管理】窗口中将自动添加一个本地用户账户。单击开始按钮⊞,在弹出的菜单中单击◉按钮,在弹出

的菜单中选中创建的用户账户即可切换该
账户的登录界面，登录账户。

3.5.2 更改账户类型

在Windows 10中，用户账户的类型主
要有以下两种。

标准用户账户：这是受到一定限制的
账户。用户在系统中可以创建多个标准账
户，也可以改变其账户类型。该账户可以
访问已经安装在电脑上的程序，可以设置
自己账户的图片、密码等，但无权更改大
多数电脑的设置，无法删除重要文件，
无法安装软硬件，无法访问其他用户的
文件。

管理员账户：电脑的管理员账户是第一
次启动电脑后系统自动创建的一个账户。
它拥有最高的操作权限，可以进行很多高
级管理。此外，它还能控制其他用户的权
限，如可以创建和删除电脑上的其他用户
账户，更改其他用户账户的名称、图片、
密码、账户类型等。

用户如果要更改系统中用户账户的类
型，可以参考以下方法。

【例3-7】继续【例3-6】的操作，将创建
的用户账户类型设置为【管理员账户】类
型。 视频

01 单击开始按钮 ，在弹出的菜单中
选择【设置】选项 ，打开【Windows设
置】窗口，单击【账户】选项。

02 打开【设置】窗口，选择【家庭和其
他成员】选项，在显示的选项区域中单击
【例3-6】创建的用户账户，在展开的列表
中单击【更改账户类型】按钮。

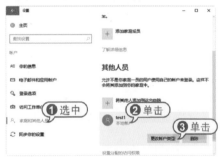

03 打开【更改账户类型】对话框，单击
【账户类型】按钮，在弹出的列表中选择
【管理员】选项，单击【确定】按钮即可。

3.5.3 设置账户权限

在Windows 10中，用户可以设置标准
用户账户的权限。这些权限设置包括设定
此类账户登录电脑后，只能打开特定的应

用，无法打开开始菜单和任务栏，并没有窗口的最大化、最小化按钮，只能使用指定的应用等。

【例3-8】继续【例3-6】的操作，设置创建的用户账户权限，指定该账户只能使用"邮件"应用。 ▶视频

01 单击开始按钮⊞，在弹出的菜单中选择【设置】选项⚙，打开【Windows设置】窗口，单击【账户】选项。

02 打开【设置】窗口，选择【家庭和其他成员】选项，在显示的选项区域中单击【设置分配的访问权限】选项。

03 在打开的对话框中单击【选择账户】选项，打开【选择账户】对话框，选择【例3-6】创建的用户账户。

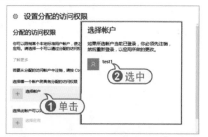

04 单击【选择应用】选项，在打开的对话框中选择【邮件】应用。

05 完成以上设置后，重新启动电脑即可使设置生效。

3.5.4 修改账户密码

如果用户要为当前登录Windows系统的账户设置一个登录密码，可以参考以下方法。

【例3-9】为当前用户账户设置一个登录密码。 ▶视频

01 打开【Windows设置】窗口后，单击【账户】选项，打开【设置】窗口，选择【登录选项】，在显示的选项区域中单击【添加】按钮。

02 打开【创建密码】对话框后，输入用户登录密码和提示等信息后，单击【下一步】按钮。在打开的对话框中单击【完成】按钮即可。

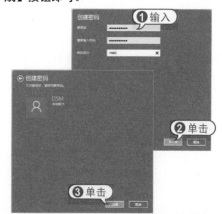

在系统中为用户账户添加登录密码后，如果用户要更改或删除登录密码，可以在打开【设置】窗口后，选择【登录选项】，在显示的选项区域中单击【更改】按钮。

打开【更改密码】对话框，输入当前

系统的登录密码并单击【下一步】按钮，即可打开【更改密码】对话框，修改或删除用户账户的登录密码。

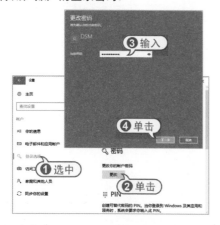

3.5.5 更换账户头像

在Windows 10中，要为当前用户账户设置一个登录头像，可以参考以下方法。

01 单击开始按钮，在弹出的菜单中右击按钮，在弹出的菜单中选择【更改账户设置】命令。

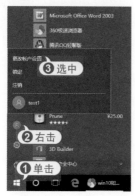

02 打开【设置】对话框，单击【通过浏览方式查找一个】选项，在打开的【打开】对话框中选择一个图片，单击【选择图片】按钮即可。

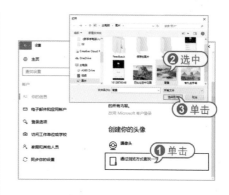

3.5.6 删除用户账户

当用户不需要某个已经创建的用户账户时，可以将其删除。删除用户账户必须在管理员账户下执行，并且所要删除的账户并不是当前的登录账户方可执行。

【例3-10】在Windows 10中删除【例3-6】创建的本地账户。 ⏵视频

01 右击开始按钮，在弹出的菜单中选择【控制面板】命令，打开【控制面板】窗口，单击【更改账户类型】选项。

02 在打开的窗口中单击【例3-6】创建的用户账户。

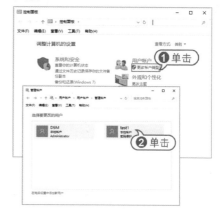

03 打开【更改账户】窗口，单击【删除账户】选项，打开【删除账户】窗口，在

该窗口中用户可以选择在删除用户账户时是否保留用户文件(本例单击【删除文件】按钮)。

04 打开【确认删除】窗口,单击【删除账户】按钮即可删除用户账户。

3.6 设置默认程序

修改默认程序,可以更好地操作电脑。Windows各个版本的系统中,都存在着修改默认程序的功能。在Windows 10中,用户可以参考以下方法修改默认程序。

【例3-11】在Windows 10中修改默认打开文件的程序。 视频

01 右击开始按钮,在弹出的菜单中选择【控制面板】命令,打开【控制面板】窗口,单击【程序】选项。

02 打开【程序】窗口,单击【默认程序】选项。

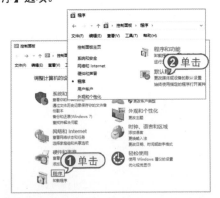

03 打开【默认程序】窗口,单击【设置默认程序】选项。

04 打开【设置默认程序】窗口,在【程序】列表中选中软件或应用后,单击【将此程序设置为默认值】选项即可。

3.7 进阶实战

本章的进阶实战部分将通过实例操作介绍设置Windows 10系统的一些技巧，帮助用户进一步巩固所学的知识。

3.7.1 ▶ 制作系统桌面主题

【例3-12】自定义一个系统桌面主题。
🎬 视频+素材 (光盘素材\第03章\例3-12)

01 整理好用于制作主题的桌面背景图片，并将其复制在同一个文件夹中。

02 右击系统桌面，在弹出的菜单中选择【个性化】命令，打开【设置】窗口，选择【主题】选项，并在显示的选项区域中单击【主题设置】选项。

03 打开【个性化】窗口，在【我的主题】列表框中选中一种主题后，单击【桌面背景】选项。

04 打开【设置】窗口，单击【背景】按钮，在弹出的下拉列表中选择【幻灯片放映】选项，然后单击【浏览】按钮。

05 打开【选择文件夹】对话框，选中步骤1准备的文件夹后，单击【选择此文件夹】按钮。

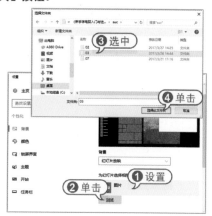

06 返回【设置】窗口，在窗口左侧的窗格中选择【颜色】选项，然后在显示的选项区域的【主题色】列表中选中一种颜色，作为新建主题的主题色。

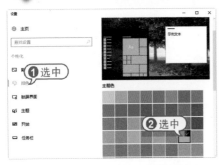

07 在【设置】窗口左侧窗格中选择【锁屏界面】选项，在显示的选项区域中单击【选择要显示快速状态的应用】选项后的【+】按钮，在弹出的列表中选择QQ选项。

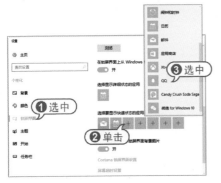

08 关闭【设置】窗口，返回【个性化】窗口，单击【保存主题】选项。打开【将主题另存为】对话框，在【主题名称】文本框中输入新的主题名称后，单击【保存】按钮将创建的主题保存。

09 完成以上设置后，在【个性化】窗口将创建一个新的自定义主题，单击该主题

即可应用。

3.7.2 修改操作系统语言

【例3-13】将Windows 10系统语言设置为【英语】。 ⏵视频⏵

01 单击开始按钮⊞，在弹出的菜单中选择⚙选项，打开【Windows设置】窗口，选择【时间和语言】选项。

02 打开【时间和语言】窗口，选择【区域和语言】选项，在显示的选项区域中单击【添加语言】选项。

03 打开【添加语言】窗口，在窗口上方的文本框中输入"英语"并按下回车键，在搜索的结果中选择English(英语)选项。

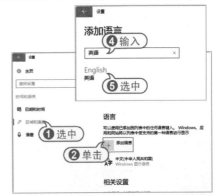

04 在打开的对话框中选中【英语(美国)】选项。返回【设置】窗口，在【语言】选项下添加英语语言。

05 单击添加的【英语】语言，在弹出的列表中单击【设置为默认语言】选项。

06 重新启动电脑，系统语言将被改变为【英语】。

3.7.3 创建图片登录密码

【例3-14】在Windows 10中为用户账户创建一个图片登录密码(在触屏下操作)。 ⊙视频)

01 单击开始按钮 ⊞ ，在弹出的菜单中选择 选项，打开【Windows设置】窗口，选择【账户】选项。

02 打开【设置】窗口，选择【登录选项】选项，在显示的选项区域中单击【密码】选项下的【添加】按钮，然后参考本章【例3-9】介绍的方法，创建一个用户账户登录密码。

03 单击【图片密码】选项下的【添加】按钮，打开【创建图片密码】对话框，在其中的文本框中输入步骤2设置的用户登录密码，然后单击【确定】按钮。

04 在打开的界面中，用户可以通过触摸绘制直线、圆圈等图形密码(绘制图形密码时要记住每步绘制的内容和大概位置)。

3.7.4 设置鼠标指针的效果

【例3-15】在Windows 10中设置鼠标指针的大小和形状。 ⊙视频)

01 单击任务栏右侧的【操作中心】按钮，在弹出的列表中选择【所有设置】选项。

02 打开【Windows设置】窗口，单击【轻松使用】选项，打开【设置】窗口，选择【鼠标】选项。

03 在窗口右侧的【指针大小】选项区域中，用户可以通过单击系统提供的鼠标大

小预设按钮，调整鼠标指针的大小。

指针大小

04 在【指针颜色】选项区域中，用户可以通过单击系统提供的鼠标颜色预设按钮，设置鼠标指针的颜色。

指针颜色

3.8 疑点解答

● 问：如何在Windows 10中设置当前电脑的计算机名称？

答：右击桌面上的【此电脑】图标，在弹出的菜单中选择【属性】命令，打开【系统】窗口，单击【更改设置】选项，在打开的【系统属性】对话框的【计算机描述】文本框中即可设置当前电脑的计算机名称。

● 问：如何注销Windows 10操作系统？

答：要注销Windows 10系统，可以右击任务栏左侧的开始按钮⊞，在弹出的菜单中选择【关机或注销】|【注销】命令。

● 问：如何设置启动与关闭Windows 10的功能？

答：右击开始按钮⊞，在弹出的菜单中选择【程序和功能】命令，打开【程序和功能】窗口，单击窗口左侧的【启用或关闭Windows功能】选项，在打开的对话框中即可设置启用或关闭Windows功能。

第4章

电脑打字的基础知识

电脑在使用过程中最基本的操作就是打字，无论是网上聊天还是在工作中处理文件，或是使用软件，都离不开打字。新用户想要用好电脑，打字作为基本功一定要极为熟练地掌握才行。

对应光盘视频

例4-1 添加新输入法

例4-2 删除系统自带输入法

例4-3 安装QQ拼音输入法

例4-4 练习电脑打字

4.1 熟悉键盘的指法

指法是指双手在电脑标准键盘上的手指分工。指法正确与否、击键频率快慢与否都直接影响着打字速度。因此，在学习电脑打字时有必要熟悉键盘并强调指法训练的要求。

4.1.1 键盘的结构

目前，常用的键盘在原有标准键盘的基础上，增加了许多新的功能键。虽然不同的键盘多出的功能键各不相同，但所有键盘上的主要按键功能却大致相同。下面将主要以107键的标准键盘为例来介绍键盘的按键组成以及功能，帮助用户掌握键盘的主要功能。

功能键区　　　　　小键盘区

标准键区　　　　　控制键区

标准键盘包括多个区域，其上排为功能键区，下方左侧为标准键区，中间为光标控制键区，右侧为小键盘区，右上侧为3个状态指示灯。

4.1.2 按键的功能

键盘上的按键很多，各个按键的作用也不相同。下面将重点介绍键盘上比较常用的按键功能。

● Esc键：该键为强行退出键。它的功能是退出当前环境，返回原菜单。

● 字母键：字母键的键面为英文大写字母，从A到Z。运用Shift键可以进行大小写切换。在使用键盘输入文字时，主要通过字母键来实现。

● 数字和符号键：此类键的键面上有上下两种符号，故又称双字符键。上面的符号称为上档符号，下面的符号称为下档符号。

● 控制键：控制键中，Shift、Ctrl、Alt和Windows徽标键各有两个，这些键在打字键的两端，基本呈对称分布。此外还有BackSpace键、Tab键、Enter键、Caps Lock键、空格键和快捷菜单键。

● 小键盘区：小键盘区一共有17个键，其中包括Num Lock键、数字键、双字符键、Enter键和符号键。其中数字键大部分为双字符键，上档符号是数字，下档符号具有光标控制功能。

4.1.3 十个手指的分工

键盘手指的分工是指键位和手指的搭配，即把键盘上的全部字符合理地分配给10个手指，并且规定每个手指击打哪几个字符键。在使用键盘时，左右手各手指的具体分工如下。

● 左手小指主要分管5个键：1、Q、A、Z和左Shift键。此外，还分管左边的一些控制键。

● 左手无名指分管2、W、S和X这4个键。

● 左手中指分管3、E、D和C键。

● 左手食指分管8个键：4、R、F、V、5、T、G、B。

● 右手小指主要分管5个键：0、P、【；】、【/】和右Shift键，此外还分管右边的一些控制键。

● 右手无名指分管4个键：9、O、L、【.】。

● 右手中指分管4个键：8、I、K、【,】。

● 右手食指分管8个键：6、Y、H、N、7、U、J、M。

大拇指专门击打空格键。当左手击完字符键需按空格键时，用右手大拇指击空格键；反之，则用左手大拇指击空格键。击打空格键时，大拇指瞬间发力后立即反弹。

位于打字键区第3行的A、S、D、F、J、K、L和【；】键，这8个键称为基本键。其中的F键和J键称为原点键。这8个基本键位是左右手指固定的位置。

进阶技巧

用户在使用键盘输入前，应将左手的小指、无名指、中指和食指分别放在A、S、D、F键上，将右手的食指、中指、无名指和小指分别放在J、K、L和【；】键上，将左右拇指轻放在空格键上。

4.1.4 精确击键的要点

在击键时，主要用力的部位不是手腕，而是手指关节。当练到一定阶段时，手指敏感度加强，可以过渡到指力和腕力并用。击键时应注意以下要点。

手腕保持平直，手臂保持静止，全部动作只限于手指部分。

手指保持弯曲，并稍微拱起，指尖的第一关节略成弧形，轻放在基本键的中央位置。

击键时，只允许伸出要击键的手指，击键完毕必须立即回位，切忌触摸键或停留在非基本键键位上。

以相同的节拍轻轻击键，不可用力过猛。以指尖垂直向键盘瞬间发力，并立即反弹，切不可用手指按键。

用右手小指击Enter键后，右手立即返回基本键键位，返回时右手小指应避免触

到【；】键。

4.1.5 指法的强化练习

在系统桌面上右击，在弹出的菜单中选择【新建】|【文本文档】命令，新建一个文本文件。

双击打开创建的文本文件，然后按以下步骤开始打字指法练习。

01 左右手的两个拇指轻放在空格键上，其余手指分别放在8个基本键上，两个食指分别放在F与J键上。

02 以练习击打D键为例，提起左手约离键盘两厘米；向下击键时中指向下弹击基本键，其他手指同时稍向上弹开，击键时要能听见键盘发出响声。

03 保持步骤2的击键方法，熟悉8个基本键在键盘上的位置。

04 以练习击打E键为例，提起左手约离键盘两厘米；整个左手稍向前移，同时用中指向下弹击非基本键，同一时间其它手指稍向上弹开，击键后4个手指迅速回位(注意右手不要动)。

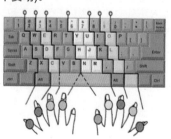

05 持续练习，实现即见即打水平(前提是击键动作要正确)。

4.2 安装与设置输入法

在使用Windows 系统处理工作和生活事务时，输入法是其必不可少的工具。Windows 10的中文输入法有很多种，用户可以自行选择自己习惯的输入法。

4.2.1 添加与删除输入法

Windows 10系统自带了微软输入法供用户使用。如果该输入法无法满足用户的需求，用户可以参考下面介绍的方法在系统中添加或删除输入法。

1 添加新输入法

在Windows 10中用户可以通过【控制面板】窗口添加输入法。

【例4-1】在Windows 10系统中添加"搜狗"输入法。 📹视频▶

01 在当前系统中安装"搜狗"输入法后，右击【开始】按钮▦，在弹出的菜单中选择【控制面板】命令。

02 打开【控制面板】窗口，单击【更改输入法】选项，打开【语言】窗口，单击中文输入法后的【选项】。

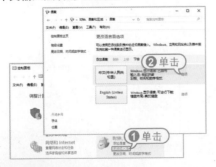

03 打开【语言选项】窗口，单击【添加输入法】选项。在打开的对话框中选中搜狗拼音输入法，单击【添加】按钮。

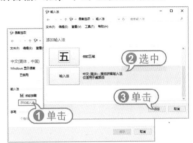

04 返回【语言选项】对话框，单击【保存】按钮即可。

进阶技巧

如果用户要删除添加的搜狗输入法，可以在【语言选项】对话框中单击该输入法后的【删除】选项即可。

2 删除系统自带输入法

在电脑中安装Windows 10后，很多用户可能不习惯系统自带的微软输入法。如果需要将其删除，可以参考以下方法。

【例4-2】删除Windows 10自带的微软输入法。 📹视频▶

01 参考【例4-1】介绍的方法打开【语言】窗口后，单击【添加语言】选项。

02 打开【添加语言】窗口选中【英语】选项，单击【打开】按钮。

03 打开【地区】窗口，选中【英语(美国)】选项，单击【添加】按钮。

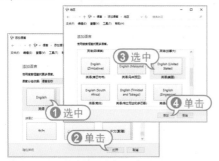

04 返回【语言】窗口，选中包含微软输入法的语言，单击【下移】按钮。

05 当语言不位于第一行时，【删除】选项将变为可用，单击【删除】按钮删除包含微软输入法的语言。

06 使用输入法安装程序在电脑中安装一个新的输入法(例如搜狗输入法)，此时将在【语言】窗口中创建一个包含新输入法的语言。

07 选中包含新输入法的语言项，单击【上移】按钮，将该语言项移动至顶部。

08 此时，系统自带的微软输入法已被删除。单击任务栏右侧的语言栏，在弹出的列表中将只有用户添加的输入法。

4.2.2 切换输入法

在Windows 10中，用户可以使用系统默认快捷键Ctrl+空格键在中文和英文输入法之间切换，使用Ctrl+Shift组合键来切换输入法。另外，选择中文输入法也可以通过鼠标单击任务栏右侧语言栏上的【输入法】指示图标，在弹出的输入法快捷菜单中选择需要使用的输入法。

如果用户需要在电脑开机时自动启动自己习惯使用的输入法，可以按以下步骤操作。

01 参考【例4-1】介绍的方法，打开【语言】窗口，单击【高级设置】选项。

63

02 打开【高级设置】窗口,单击【替代默认输入法】按钮,在弹出的下拉列表中选择一种输入法,单击【保存】按钮即可。

4.3 汉字输入法简介

　　汉字输入法是进行中文信息处理的前提和基础。根据汉字编码方式的不同,可以将汉字输入法分为音码、形码和音形结合码3类。其各自的特点如下。

🔵 **音码**:通过汉语拼音来实现输入。对于大多数用户来说,这是最容易学习和掌握的输入法。但是,这种输入法需要的击键和选字次数较多,输入速度较慢。

🔵 **形码**:通过字形拆分来实现输入。这种输入法在使用键盘输入的输入法中是最快的。但是,需要用户掌握拆分原则和字根,不易掌握。

🔵 **音形结合码**:利用汉字的语音特征和字型特征进行编码,音形码输入法需要记忆部分输入规则,也存在部分重码。

　　这3类输入法有各自的优点和缺陷,用户可以结合自身的特点和习惯来尝试和选择最适合自己的输入法。下面将介绍目前常用的拼音输入法和五笔字型输入法。

4.3.1 拼音输入法

　　拼音输入法是以汉语拼音为基础的输入法,用户只要会用汉语拼音,就可以使用拼音输入法轻松地输入汉字。目前常见的拼音输入法有微软输入法、QQ拼音输入法、搜狗拼音输入法、谷歌拼音输入法、华宇拼音输入法、百度拼音输入法、必应拼音输入法等。

4.3.2 五笔输入法

　　五笔输入法是一种以汉字的构字结构为基础的输入法。它将汉字拆分成一些基本结构,并称其为"字根",每个字根都与键盘上的某个字母键相对应。要在计算机上输入汉字,就要先找到构成这个汉字的基本字根,然后按相应的按键即可输入。常见的五笔字型输入法有智能五笔输入法、万能五笔输入法和极品五笔输入法等。

4.3.3 两种输入法的比较

　　拼音输入法上手容易,只要会用汉语拼音就能使用拼音输入法输入汉字。但是,由于汉字的同音字比较多,因此使用拼音输入法输入汉字时,重码率会比较高。

　　五笔输入法是根据汉字结构来输入的,因此重码率比较低,输入汉字比较快。但是要想熟练地使用五笔输入法,必须要花大量的时间来记忆繁琐的字根和键位分布,还要学习汉字的拆分方法。因此,这种输入法一般为专业打字工作者使用,对于初学者来说稍有难度。

4.4 使用拼音输入法

微软拼音输入法是Windows 10默认的汉字输入法。它采用基于语句的整句转换方式。用户可以连续输入整句话的拼音，而不必人工分词和挑选候选词语，这样大大提高了输入的效率。另外，微软拼音输入法还提供了许多有特色的功能，以利于用户便捷使用。本节将重点介绍使用微软拼音输入法输入汉字的方法。

4.4.1 输入单个汉字

输入单个汉字可以使用全拼输入方式，输入方法是：在输入框中输入汉字的全部拼音字母，然后按空格键。如果在输入框中显示的汉字是所需汉字，则按空格键即可输入该汉字。如果显示的不是所需汉字，按相应的数字键即可输入所选编号的汉字。

进阶技巧

用户在使用微软拼音输入法输入汉字时，如果要输入的汉字不在候选词的第一页，可按PageDown键翻页查找所需的汉字。

4.4.2 输入汉字词组

使用微软拼音输入法输入词组可以使用全拼输入或简拼输入的方式。其中简拼输入方式是取每个汉字音节中的第一个字母，或者取音节中的前两个字母(一般复合字母如zh、sh、ch等)。

4.4.3 切换英文模式

在使用汉字输入法时，如果偶尔需要输入一些英文字母，用户可以按下Shift键，将输入法切换为英文输入模式。

4.4.4 更改桌面图标

使用Windows 10自带的输入法可以方便地输入各种表情符号，用于各种邮件和网络社交等应用场景，具体如下。

01 右击系统桌面，在弹出的菜单中选择【新建】|【文本文档】命令，创建一个记事本文档。

02 双击记事本文档将其打开，按下Ctrl+Shift切换Windows 10自带的微软输入法，开始输入汉字。

03 在输入法选字条的末端有个笑脸符号的按钮☺，单击该按钮可以调出输入法内置的表情列表。用户可以通过鼠标单击或方向键加回车键的方法在文档中快速输入表情符号。

04 除此之外，还可以通过输入表情符号的名字，例如"笑脸"，输入表情符号。

4.5 进阶实战

本章的进阶实战部分将通过实例介绍安装QQ拼音输入法和使用写字板练习输入汉字的方法，帮助用户巩固并强化使用电脑打字的操作。

4.5.1 安装QQ拼音输入法

【例4-3】通过360软件管家在电脑中安装QQ拼音输入法。 ◎视频▶

01 在电脑中安装并打开360安全卫士后，单击软件右上角的【软件管家】图标。

02 打开【360软件管家】窗口，在左侧的列表中选择【输入法】选项，然后在窗口右侧单击【QQ拼音输入法】后的【一键安装】按钮。

03 稍等片刻，软件管家将自动完成QQ拼音输入法的安装。单击任务栏右侧的语言栏，在弹出的列表中将显示安装的QQ拼音输入法。

4.5.2 练习电脑打字

【例4-4】使用Windows 10自带的写字板工具练习电脑打字。 ◎视频▶

01 单击开始按钮 ⊞ ，在弹出的菜单中选择【Windows附件】|【写字板】命令。

02 打开【写字板】工具后，按下Ctrl+Shift组合键，切换一种汉字输入法(例如"搜狗拼音输入法")，在写字板中练习输入一段文字。

03 在输入文字时应注意坐姿以及10个手指的分工。

4.6 疑点解答

● 问：有什么软件可以强化练习电脑打字？

答：用户可以在电脑上使用【金山打字通】软件来练习打字。该软件是一款免费的电脑打字练习软件。软件中不仅有打字教程，还有打字测试、打字游戏、拼音打字、五笔打字等模拟功能，对初学者有较大的帮助。

第5章

管理电脑文件资源

文件和文件夹是电脑中最基本的两个概念。电脑中存储着大量的文件和文件夹。如果这些文件和文件夹胡乱地存放在电脑中，不但看起来杂乱无章，还给查找文件造成了极大的困难。因此用户需要掌握如何管理文件和文件夹。

对应光盘视频

例5-1 隐藏电脑中的文件
例5-2 显示被隐藏的文件
例5-3 在菜单中添加【加密】命令
例5-4 使用BitLocker加密硬盘
例5-5 设置共享文件或文件夹

例5-6 搜索电脑中指定的文件
例5-7 还原被删除的文件
例5-8 使用百度网盘保存文件
例5-9 获取系统文件的管理权限
例5-10 转换文件的格式

5.1 管理文件与文件夹

电脑中的一切数据都是以文件的形式存放在电脑中的，而文件夹则是文件的集合。文件和文件夹是Windows操作系统中两个重要的概念。本节将重点介绍在Windows 10中管理文件与文件夹的方法与相关知识。

5.1.1 认识文件与文件夹

在对电脑中的文件资源进行管理之前，用户应首先对其各自的概念有所了解。

1 文件

文件是Windows中最基本的存储单位，包含文本、图像及数值数据等信息。不同的信息种类保存在不同的文件类型中。Windows中的任何文件都由文件名来标识。文件名的格式为"文件名.扩展名"。通常，文件类型是用文件的扩展名来区分的。根据保存的信息和方式的不同，文件分为不同的类型，并在电脑中以不同的图标显示。例如"企鹅.jpg"文件，"企鹅"表示文件的名称；jpg表示文件的扩展名，代表该文件是jpg格式的图片文件。

Windows文件的最大改进是使用长文件名，使文件名更容易识别。文件的命名规则如下。

🔹 在文件或文件夹名字中，用户最多可使用255个字符。

🔹 用户可使用多个间隔符"."的扩展名，例如"report.lj.oct98"。

🔹 名字可以有空格但不能有字符"\"、"/"、"."、"*"、"""、"<"、">"和"|"等。

🔹 Windows保留文件名的大小写格式，但不能利用大小写区分文件名。例如，"README.TXT"和"readme.txt"被认为是同一文件名。

🔹 当搜索和显示文件时，用户可使用通配符"？"和"*"。其中，问号"？"代表一个任意字符，星号"*"代表一系列字符。

在Windows中常用的文件扩展名及其表示的文件类型如下表所示。

扩展名	文件类型
AVI	视频文件
BAK	备份文件
BAT	批处理文件
BMP	位图文件
EXE	可执行文件
FON	字体文件
HLP	帮助文件
INF	信息文件
MID	乐器数字接口文件
DAT	数据文件
DCX	传真文件
DLL	动态链接库
DOC	Word文件
DRV	驱动程序文件
RTF	文本格式文件
SCR	屏幕文件
TTF	TrueType字体文件
TXT	文本文件
WAV	声音文件

2 文件夹

为了便于管理文件，在Windows系列操作系统中引入了文件夹的概念。

简单地说，文件夹就是文件的集合。用户可将相似类型的文件整理起来，统一地放置在一个文件夹中。这样不仅可以方便用户查找文件，还能有效地管理好电脑中的资源。

3 文件和文件夹的关系

文件和文件夹都存放在电脑的磁盘中。文件夹中可以包含文件和子文件夹，子文件夹中又可以包含文件和子文件夹。依此类推，即可形成文件和文件夹的树形关系。

路径的结构一般包括磁盘名称、文件夹名称和文件名称，各部分之间用"\"隔开。例如在下图中"工作笔记.docx"文件的路径为"D:\文件夹\工作笔记.docx"。

5.1.2 认识管理文件的窗口

在Windows 10中要管理文件和文件夹就离不开【此电脑】窗口(即传统Windows系统中的【计算机】窗口)、【文件资源管理器】窗口和用户文件夹窗口。它们是文件和文件夹管理的核心窗口。

1 【此电脑】窗口

【此电脑】窗口是管理文件和文件夹的主要场所。它的功能与Windows XP系统中的【我的电脑】窗口以及Windows 7系统中的【计算机】窗口相似。在Windows 10系统中，打开【此电脑】窗口的方法有以下几种。

🖐 双击桌面上的【此电脑】图标。

🖐 右击桌面上的【此电脑】图标，选择【打开】命令。

🖐 单击【开始】按钮，在弹出的开始菜单中选择【Windows系统】|【此电脑】命令。

【此电脑】窗口主要由两部分组成：导航窗格和工作区域。

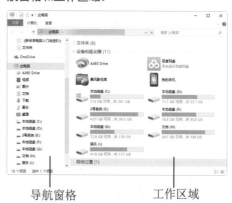

导航窗格　　　　　工作区域

🖐 导航窗格：以树形目录的形式列出当前磁盘中包含的文件类型，其默认选中【此电脑】选项，并显示该选项下的所有磁盘。单击磁盘左侧的三角形图标，可展开该磁盘，并显示其中的文件夹。单击某一文件夹左侧的三角形图标，可展开该文件夹中的所有文件列表。

🖐 工作区域：一般分为【文件夹】、【设备和驱动器】和【网络位置】3栏。其中，【设备和驱动器】栏中显示了电脑当前的所有磁盘分区。双击任意一个磁盘分区，可在打开的窗口中显示该磁盘分区下包含的文件和文件夹。再次双击文件或文件夹图标，可打开应用程序的操作窗口或者该文件夹下的子文件和子文件夹。

2 【文件资源管理器】窗口

在Windows 10中，用户可以使用以下几种方法打开【文件资源管理器】窗口。

🔸 右击【开始】按钮■或按下Win+X组合键，在弹出的菜单中选择【文件资源管理器】命令。

🔸 单击任务栏上的【文件资源管理器】按钮■。

🔸 按下Win+E组合键。

【资源管理器】窗口和【此电脑】窗口类似，但是两者的打开方式不同，并且在打开后，两者左侧导航窗格中默认选择的选项也不同。【文件资源管理器】的导航窗格中默认选中的是【常用文件夹】选项，其中包含了【下载】、【图片】、【文档】和【此电脑】等文件夹。

5.1.3 选择文件与文件夹

要对文件或文件夹进行操作，首先要选定文件或文件夹。为了便于用户快速选择文件和文件夹，Windows系统提供了多种文件和文件夹的选择方法。

🔸 选择一个文件或者文件夹：直接用鼠标单击要选定的文件或文件夹即可。

🔸 选择文件夹窗口中的所有文件和文件夹：打开窗口后按下Ctrl+A组合键，系统会自动将所有非隐藏属性的文件与文件夹选定。

🔸 选择某一区域的文件和文件夹：可以在按住鼠标左键不放的同时进行拖拉操作来完成选择。

🔸 选择文件夹窗口中多个不连续的文件和文件夹：按住Ctrl键，然后单击要选择的文件和文件夹。

🔸 选择图标排列连续的多个文件和文件夹：可先按下Shift键，并单击第一个文件或文件夹图标，然后单击最后一个文件或文件夹图标即可选定它们之间的所有文件或文件夹。另外，用户还可以使用Shift键配合键盘上的方向键来选定。

5.1.4 创建文件与文件夹

在使用应用程序编辑文件时，通常需要新建文件。例如，用户需要编辑文本文件，可以在要创建文件的窗口中右击，在弹出的快捷菜单中选择【新建】|【文本文档】命令，即可新建一个【记事本】文件。

要创建文件夹，用户可在想要创建文件夹的地方直接右击，然后在弹出的快捷菜单中选择【新建】|【文件夹】命令即可。

5.1.5 重命名文件与文件夹

在Windows系统要重命名文件或文件夹，可以参考以下方法。

01 按下Win+E组合键打开【文件资源管理器】窗口，然后双击【本地磁盘(D:)】图标，进入到D盘窗口。

02 右击一个文件夹，在弹出的快捷菜单中选择【重命名】命令(或者选中文件夹后按下F2键)。

03 此时文件夹的名称以高亮状态显示。直接输入新的文件夹名称，然后按Enter键即可完成对文件夹的重命名。重命名文件的方法与重命名文件夹的方法类似。

5.1.6 复制文件与文件夹

复制文件和文件夹是为了将一些比较重要的文件和文件夹加以备份，也就是将文件或文件夹复制一份到硬盘的其他位置上，使文件或文件夹更加安全，以免发生意外的丢失，而造成不必要的损失。

复制文件或文件夹的方法如下。

01 右击需要复制的文件或文件夹后，在弹出的菜单中选择【复制】命令(或按下Ctrl+C组合键)，复制文件或文件夹。

02 打开另一个窗口，在窗口空白处右击，在弹出的菜单中选择【粘贴】命令(或按下Ctrl+V组合键)，即可将文件或文件夹粘贴至窗口中。

5.1.7 移动文件与文件夹

在Windows操作系统中，用户可以使用鼠标拖动的方法，或菜单中的【剪切】和【粘贴】命令，对文件或文件夹进行移动操作，具体如下。

01 右击需要复制的文件或文件夹后，在弹出的菜单中选择【剪切】命令(或按下Ctrl+X组合键)，剪切文件或文件夹。

02 打开另一个窗口，在窗口空白处右击，在弹出的菜单中选择【粘贴】命令(或按下Ctrl+V组合键)即可。

在复制或移动文件时，如果目标位置有相同类型并且名字相同的文件，系统会发出提示，用户可在弹出的对话框中选择【替换目标中的文件】、【跳过该文件】或者【比较两个文件的信息】这3个选项。

另外，用户还可以使用鼠标拖动的方法，移动文件或文件夹。例如，用户可将D盘【工作笔记】文件拖动至【文档】文件夹中。

要在不同的磁盘之间或文件夹之间执行拖动操作，可同时打开两个窗口，然后将文件从一个窗口拖动至另一个窗口。

将文件和文件夹在不同磁盘分区之间进行拖动时，Windows的默认操作是复制。在同一分区中拖动时，Windows的默认操作是移动。如果要在同一分区中从一个文件夹复制对象到另一个文件夹，必须在拖动时按住Ctrl键，否则将会移动文件。同样，若要在不同的磁盘分区之间移动文件，必须要在拖动的同时按下Shift键。

5.1.8 删除文件与文件夹

为了保持电脑中文件系统的整洁、有条理，同时也为了节省磁盘空间，用户经常需要删除一些已经没有用的或损坏的文件和文件夹。要删除文件或文件夹，可以执行下列操作之一。

🔘 右击要删除的文件或文件夹(可以是选中的多个文件或文件夹)，然后在弹出的快捷菜单中选择【删除】命令。

🔘 在窗口中选中要删除的文件或文件夹，然后选择【主页】选项卡，在【组织】组中单击【删除】按钮。

🔘 选中想要删除的文件或文件夹，然后按键盘上的Delete键。

🔘 用鼠标将要删除的文件或文件夹直接拖动到桌面的【回收站】图标上。

按以上方式执行删除操作后，文件或文件夹并没有被彻底删除，而是放在了回收站中。若误删了某些文件或文件夹，可在回收站中将其恢复。若想彻底删除这些文件，可清空回收站。回收站清空后，这些文件将不可用一般的方法恢复。

5.2 查看文件与文件夹

通过Windows 10操作系统的文件资源管理器来查看电脑中的文件和文件夹，在查看的过程中可以更改文件和文件夹的显示方式与排列方式，以满足用户的不同需求。

5.2.1 设置显示方式

在窗口中查看文件或文件夹时，系统提供了多种文件和文件夹的显示方式。用户可单击工具栏上的【查看】选项卡，在【布局】组中选择不同的显示方式。

🔘 超大图标、大图标和中等图标：这3种方式类似于Windows XP中的【缩略图】显示方式。它们将文件夹中所包含的图像文件显示在文件夹图标上，以方便用户快速识别文件夹中的内容。这3种排列方式的区别只是图标大小的不同。

🔘 小图标方式：其类似于Windows XP中的【图标】方式，以图标形式显示文件和文件夹，并在图标的右侧显示文件或文件夹的名称、类型和大小等信息。

🔘 列表方式：该方式下，文件或文件夹以

列表的方式显示，文件夹的顺序按纵向方式排列，文件或文件夹的名称显示在图标的右侧。

🔵 详细信息方式：该方式下文件或文件夹整体以列表形式显示。除了显示文件图标和名称外，还显示文件的类型、修改日期等相关信息。

🔵 平铺方式：【平铺】类似于【中等图标】显示方式，只是比【中等图标】显示更多的文件信息。文件和文件夹的名称显示在图标的右侧。

🔵 内容方式：该方式是【详细信息】方式的增强版，文件和文件夹将以缩略图的方式显示。

5.2.2 文件与文件夹排序

在Windows中，用户可方便地对文件或文件夹进行排序，如按【名称】排序、按【修改日期】排序、按【类型】排序和按【大小】排序等。具体排序方法是在【资源管理器】窗口的空白处右击，在弹出的快捷菜单中，选择【排序方式】子菜单中的某个选项即可实现对文件和文件夹的排序。

在窗口中选择【查看】选项卡，在【当前视图】组中单击【排列方式】按钮，在弹出的列表框中可以设置更多的文件排序方式。

在上图所示的列表中选择【选择列】选项，在打开的【选择详细信息】对话框中，可以详细设置文件的排序方式。

5.3 隐藏和显示文件与文件夹

对于电脑中比较重要的文件，例如系统文件、用户自己的密码文件或用户的个人资料等。如果用户不想让别人看到并更改这些文件，可以将它们隐藏起来，等到需要时再显示。

5.3.1 隐藏文件与文件夹

Windows系统为文件和文件夹提供

了两种属性，即只读和隐藏。它们的含义如下。

🔵 只读：用户只能对文件或文件夹的内容

进行查看而不能进行修改。

🔵 隐藏：在默认设置下，设置为隐藏属性的文件或文件夹将不可见。

当用户采用隐藏功能将文件或文件夹设置为隐藏属性后，默认情况下被设置为隐藏属性的文件或文件夹将不再显示在资源管理器窗口中，从一定程度上保护了这些文件资源的安全。

【例5-1】在Windows 10中设置隐藏电脑中的文件。 🔵视频

01 打开窗口后，右击一个文件夹，在弹出的快捷菜单中选择【属性】命令。

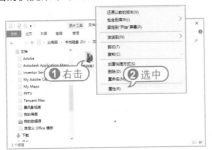

02 打开【属性】对话框，选择【常规】选项卡，选中【隐藏】复选框，然后单击【确定】按钮。

03 打开【确认属性更改】对话框，选中【将更改应用于此文件夹、子文件夹和文件】单选按钮，单击【确定】按钮。

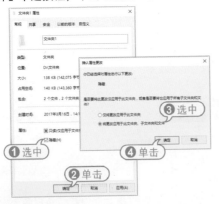

5.3.2 显示文件与文件夹

文件和文件夹被隐藏后，如果想再次访问它们，那么可以在Windows 10系统中开启查看隐藏文件功能。

【例5-2】在Windows 10中显示被设置为隐藏的文件和文件夹。 🔵视频

----

01 继续【例5-1】的操作，在工具栏中选择【查看】选项卡，单击【选项】。

02 打开【文件夹选项】对话框，选择【查看】选项卡，在【高级设置】列表中选中【显示隐藏的文件、文件夹和驱动器】单选按钮。

03 单击【确定】按钮，完成显示隐藏文件和文件夹的设置。

知识点滴

用户在【控制面板】窗口中单击【文件夹选项】图标，也可打开【文件夹选项】对话框。在该对话框中进行的设置，默认情况下将应用到所有文件和文件夹中。

5.4 文件与文件夹的高级设置

学会了文件和文件夹的基础操作后，用户还可以对文件和文件夹进行各种设置，以便于更好地管理文件和文件夹。这些设置包括改变文件或文件夹的外观、设置文件或文件夹的只读和加密文件与文件夹等。

5.4.1 设置文件与文件夹的外观

文件和文件夹的图标外形都可以进行改变。文件由于是由各种应用程序生成，都有相应固定的程序图标，所以一般无须更改图标。文件夹图标系统默认下都很相似，用户如果想要将某个文件夹更加醒目特殊，可以更改其图标外形。

设置文件和文件夹外观的方法如下。

01 右击文件夹，在弹出的菜单中选择【属性】命令，打开【文件夹属性】对话框，选择【自定义】选项卡。

02 在【文件夹图标】组中单击【更改图标】按钮，在打开的对话框中选择一种文件夹样式，然后单击【确定】按钮。

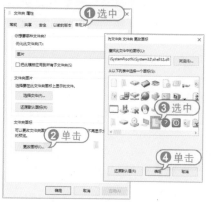

03 返回【文件夹属性】对话框，单击【应用】按钮即可。

5.4.2 更改文件与文件夹的属性

文件和文件夹的只读属性表示：用户只能对文件或文件夹的内容进行查看访问而无法进行修改。一旦文件和文件夹被赋

予了只读属性，就可以防止用户误操作删除损坏该文件或文件夹。

设置文件夹只读属性的方法如下。

01 右击文件或文件夹，在弹出的菜单中选择【属性】命令，打开【属性】对话框。

02 选择【常规】选项卡，选中【只读】复选框，然后单击【确定】按钮。

03 此时，如果用户为文件夹设置只读属性。如果其目标文件夹中包含文件或子文件夹，将打开【确认属性更改】对话框，提示用户是否将只读属性应用于子文件夹和文件。根据实际情况做出选择即可。

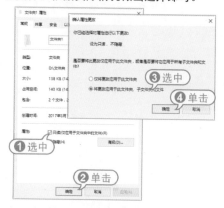

04 如果用户想取消文件和文件夹的只读属性，参考步骤1-2的操作，取消选中【常规】选项卡中的【只读】复选框即可。

5.4.3 加密文件与文件夹

加密文件和文件夹即是将文件和文件夹加以保护，使得其他用户无法访问该文件或文件夹，保证文件和文件夹的安全性和保密性。

1 使用【加密】命令

在文件和文件夹的【属性】对话框中，用户可以参考以下方法加密文件。

01 右击文件或文件夹，在弹出的菜单中选择【属性】命令，打开【属性】对话框后在【常规】选项卡中单击【高级】按钮。

02 打开【高级属性】对话框，选中【加密内容以便保护数据】复选框，然后单击【确定】按钮。

03 返回【属性】对话框，单击【应用】按钮，在打开的【确认属性修改】对话框中选择是否将加密操作应用于子文件夹和文件后，单击【确定】按钮即可。

04 文件和文件夹被加密后，其图标外观将发生变化。效果如下图所示。

 销售数据　 销售资料

知识点滴

完成以上操作后，被加密的文件只能在当前电脑的当前账户中打开。如果将文件复制到其他电脑或者当前电脑的其他账户中，将无法打开文件。

【例5-3】在Windows 10中将【加密】命令添加在右键菜单中。　视频

01 按下Win+R组合键，打开【运行】对话框，在【打开】文本框中输入

"regedit"，然后单击【确定】按钮或按下回车键。

02 打开【注册表编辑器】窗口，在窗口右侧的栏目中依次展开：HKEY_CURRENT_USER\Software\Microsoft\Windows\CurrentVersion\Explorer\Advanced。然后右击Advanced项，在弹出的菜单中选择【新建】|【DWORD(32位)值】命令，创建一个键值。

03 在窗口右侧的窗格中将新建的键值命名为EncryptionContextMenu，然后双击该键值。在打开的对话框中将【数值数据】文本框中输入1，然后单击【确定】按钮。

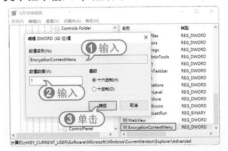

04 注册表修改完毕后，右击需要加密的文件或文件夹，在弹出的菜单中将显示【加密】命令，选择该命令即可加密文件。

05 如果右击一个已加密的文件，在弹出的菜单中将显示【解密】命令。

2 使用BitLocker

使用Windows 10系统自带的数据加密工具BitLocker，用户可以加密某个硬盘驱动器中的所有文件和文件夹。

【例5-4】使用Windows 10自带的加密工具BitLocker加密硬盘。 视频

01 打开【此电脑】窗口后，右击一个需要加密的硬盘驱动器，在弹出的菜单中选择【启用BitLocker】命令。

02 打开【BitLocker驱动器加密】界面，选择【使用密码解锁驱动器】复选框，然后在显示的文本框中输入两次启动器解锁密码，并单击【下一步】按钮。

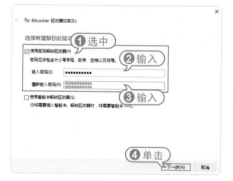

03 打开【你希望如何备份恢复密钥】界面。在该界面中，用户可以设置一个备份恢复密钥的方式。当加密密码被遗忘后，可以通过这个备份密钥来操作硬盘。

04 单击【保存到文件】选项，在打开的对话框中选择一个保存备份密钥的文件夹后，单击【保存】按钮。

05 打开【你希望将恢复密钥保存在这台电脑上吗？】提示框，单击【确定】按钮。

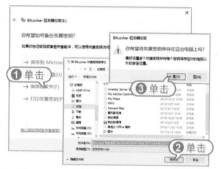

06 返回【你希望如何备份恢复密钥】界面，单击【下一步】按钮。

07 打开【选择要加密的驱动器空间大小】界面，根据系统提示选择加密整个磁盘驱动器或仅加密已用的磁盘空间，完成后单击【下一步】按钮。

08 打开【选择要加密的模式】界面，选择一种加密模式(新加密模式或兼容模式)，然后单击【下一步】按钮。

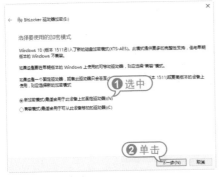

09 打开【是否准备加密该驱动器】界面，单击【开始加密】按钮。

10 驱动器被加密后，将显示一个如下图所示的加密图标。用户使用BitLocker对驱动器进行加密后，自己可以正常的进入驱动器并对其中的文件和文件夹进行操作，但Windows系统将会自动阻止黑客和未经授权的用访问加密的驱动器。

11 如果用户将文件复制到用BitLocker加密的驱动器中，BitLocker会自动对文件进行加密。文件只有保存在BitLocker加密的驱动器中才能保持加密状态，如果将文件复制到其他磁盘驱动器，文件将被自动解密。

12 如果用户需要解除BitLocker加密，可以右击磁盘驱动器，在弹出的菜单中选择【管理BitLocker】命令。

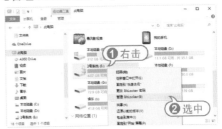

13 打开【BitLocker驱动器加密】窗口，单击【关闭BitLocker】选项，在打开的对话框中单击【关闭BitLocker】按钮即可。

5.4.4 共享文件与文件夹

现在家庭或办公生活环境里经常使用多台电脑，而多台电脑里的文件和文件夹可以通过局域网实现多用户共同享用。用户只需将文件或文件夹设置为共享属性，以供其他用户查看、复制或者修改该文件或文件夹。

【例5-5】在窗口中设置共享文件或文件夹。 视频

01 右击窗口中的文件夹，从弹出的快捷菜单中选择【属性】命令，打开【属性】对话框，选择【共享】选项卡单击【高级共享】按钮。

02 打开【高级共享】对话框，选中【共享此文件夹】复选框，设置共享名、共享用户的数量、注释，然后单击【权限】按钮。

03 打开【权限】对话框，可以在【组或用户名】区域里看到组里成员，默认的Everyone即所有的用户。在Everyone的权限里，【完全控制】是指其他用户可以删除修改本机上共享文件夹里的文件；【更改】可以修改，不可以删除；【读取】只能浏览复制，不得修改。一般情况下，需要在【读取】中选中【允许】复选框。

04 最后单击【确定】按钮，返回【高级共享】对话框，单击【应用】按钮即可。

> **知识点滴**
>
> 用户必须先允许来宾账户访问，方可让局域网内其他用户访问共享文件夹。

5.5 文件与文件夹的搜索功能

相比之前的Windows版本，Windows 10系统的搜索功能更趋简便。用户除了可以使用任务栏左侧的Cortana通过关键字直接搜索电脑中的文件和文件夹以外(具体方法可参考本书第2章【例2-3】)，还可以利用窗口中的搜索栏实现文件的搜索操作。

在Windows 10中，打开任意一个窗口，单击窗口右侧的搜索栏，可以在工具栏中显示【搜索】选项卡。

在【搜索】选项卡的【位置】组中，

用户可以指定文件搜索的具体位置；在【优化】组中，可以设置搜索文件的特征，例如修改日期、类型、大小和文件属性等；在【选项】组中，可以查看【最近的搜索内容】，设置搜索高级选项以及保存文件搜索的结果。

【例5-6】在电脑中搜索本月创建的文档文件，大小在100KB到1MB之间。完成搜索后将搜索结果保存，以便今后再次使用。

▶视频▶

01 打开任意一个窗口，单击窗口右上角的搜索栏，然后选择工具栏中显示的【搜索】选项卡。

02 在【位置】组中单击【此电脑】选项，设置本次搜索的位置为【此电脑】。

03 在【优化】组中单击【修改日期】按钮，在弹出的列表中选择【本月】选项，设置搜索文件的修改时间范围为本月。

04 单击【大小】按钮，在弹出的列表中选择【100KB-1MB】选项，设置搜索文件的大小。

05 完成以上设置后，电脑将开始自动搜索【此电脑】中的文件。稍等片刻，文件的搜索结果将显示在窗口中。

06 选择【搜索】选项卡，在【选项】组中单击【保存搜索】按钮，打开【另存为】对话框。在【文件名】文本框中输入一个搜索名称后单击【保存】按钮，即可将当前文件搜索结果保存。双击保存的搜索结果文件，将自动打开一个窗口执行预设的文件搜索操作。

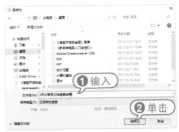

5.6 使用回收站

回收站是Windows系统用来存储被删除文件的场所。在管理文件和文件夹过程中，系统将被删除的文件自动移动到回收站中，可以根据需要选择将回收站中的文件彻底删除或者恢复到原来的位置，这样可以保证数据的安全性和可恢复性，避免因误操作而带来的麻烦。

5.6.1 使用回收站还原文件

从回收站中还原文件有两种方法：一种是右击准备还原的文件，在弹出的快捷菜单中选择【还原】命令，即可将该文件还原到被删除之前文件所在的位置；另一种是直接使用回收站窗口中的菜单命令还原文件。

【例5-7】在Windows 10中使用回收站还原被删除的文件。 视频

01 双击桌面上的【回收站】图标，打开【回收站】窗口。右击【回收站】中要还原的文件，在弹出的快捷菜单中选择【还原】命令，即可将该文件还原到删除前的位置。

02 在回收站窗口选中要还原的文件后，在工具栏中选择【管理】选项卡，在【还原】组中单击【还原选定的项目】选项，也可以将文件还原。

5.6.2 清空回收站

如果回收站中的文件太多，会占用大量的磁盘空间。这时可以将回收站清空，以释放磁盘空间(注意：回收站被清空后，其中的文件将被删除，无法还原)。具体方法如下。

01 右击桌面上的【回收站】图标，在弹出的快捷菜单中选择【清空回收站】命令。

02 另外，用户还可打开【回收站】，在工具栏中选择【管理】选项卡，单击【还原】组中的【清空回收站】选项，即可清空回收站中的文件。

5.6.3 删除回收站中的文件

在回收站中，不仅可以清空所有的内容，还可以对某些文件做针对性的删除，方法是：右击回收站中的文件，在弹出的菜单中选择【删除】命令，在打开【删除文件】对话框中单击【是】按钮。

5.7 使用电脑管理手机文件

手机(本节以安卓手机为例)是目前重要的智能终端设备。在日常办公或出门旅行时，很多人需要将手机中的文件传送至电脑进行处理，或使用手机远程打开电脑中保存的文件。这时，就需要掌握电脑与手机之间文件相互关联的方法。

要使用电脑管理手机文件，用户首先需要通过手机数据线或无线网络连接手机与电脑，具体如下。

👆 通过USB数据线连接手机与电脑：将USB数据线的一端连接手机，另一端连接电脑的USB接口，当手机上提示USB调试模式时，点击【确定】按钮。此时，系统会自动搜索与手机相匹配的驱动，并建立手机与电脑的连接。

👆 通过无线网络连接手机与电脑：确保手机和电脑都接入同一个局域网。在电脑和手机上安装360手机助手，启动电脑端的【360手机助手】软件。在该软件的主界面中单击界面左侧的手机图标，然后在打开

的对话框中选择【无线连接】选项。启动手机上安装的【360手机助手】应用，在该应用的主界面上点击【二维码】按钮，通过扫描电脑上的二维码即可建立手机与电脑之间的无线连接。

5.7.1 浏览手机中的文件

使用USB数据线将电脑与手机相连后，打开【此电脑】窗口，在该窗口的【设备和驱动器】栏中将显示手机设备。

双击手机设备，在打开的窗口中可以查看手机的内部存储空间并浏览其中的文件，如下图所示。

通过360手机助手建立手机与电脑的无线连接后，单击360软件主界面上的【文件】选项，可以在打开的对话框中浏览手机中的文件。

进阶技巧

如果用户要复制或删除手机中的文件或文件夹，可在电脑中选中文件，然后右击鼠标，在弹出的菜单中选择相应的命令即可。操作过程与管理电脑中的文件与文件夹类似。

5.7.2 查找手机中的文件

在使用电脑浏览手机文件时，如果用户需要用电脑找到手机中的指定文件，可参考以下方法。

01 打开手机自带的【文件管理】应用。通过该应用，在手机中找到需要通过电脑操作的文件。

02 长按文件将其选中，然后点击【菜单】选项。

03 在弹出的菜单中选择【详情】命令，在打开的【详情】对话框中，显示了文件在手机内存中的路径。

04 返回电脑，使用查找到的路径即可找到相应的文件。

5.7.3 向手机传送文件

将电脑中的文件传送到手机上有很多种方法。下面将介绍几种最常用的方法。

1 直接复制文件

使用USB数据线将手机与电脑相连后,复制电脑中的文件,然后打开手机的内部存储存储器,右击空白处选择【粘贴】命令即可将文件粘贴进手机的内存中。

2 使用360手机助手上传文件

使用360手机助手将手机与电脑相连后,在软件的主界面中单击【文件】选项,打开【文件管理】对话框并单击进入一个手机中的文件夹。单击该对话框中的【上传到手机】按钮,在弹出的下拉列表中选择【上传文件】选项,可以使用打开的对话框将电脑中保存的文件上传至手机。

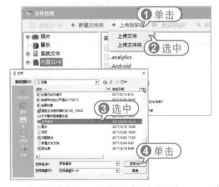

如果选择【上传文件夹】选项,则可以打开下图所示的【浏览文件夹】对话

框,设置将电脑中保存的某个文件夹传送至手机内存中。

3 通过QQ传送文件

在手机和电脑上使用同一个QQ账号登录,并确保手机和电脑都接入Internet。打开电脑上的QQ软件,单击【主菜单】选项≡,在弹出的菜单中选择【传文件到手机】命令。

在打开的对话框中单击【选择文件发送】按钮□,即可打开【打开】对话框,选择将电脑中的文件传送至手机内存中。

当电脑中的文件通过QQ被传送到手机中后，在手机中打开【文件管理】应用，在应用主界面中点击【下载与收藏】选项，在打开的界面中点击QQ选项。

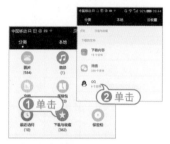

此时，在打开的QQ文件列表中，即可找到从电脑传送而来的文件。

4　利用微信传输文件

使用微信向手机传输的方法与QQ类似，具体如下。

01　在电脑上打开浏览器，访问微信网页版的网址：https://wx.qq.com。

02　在手机中打开微信，点击界面右上角的【+】按钮，在弹出的菜单中选择【扫一扫】选项。

03　使用手机扫描微信网页版上提供的二维码，在打开的界面中点击【登录】按钮，登录微信网页版。

04　在微信网页版界面的左侧选中【文件传输助手】选项，然后单击【图片和文件】按钮□。

05　在打开的【打开】对话框中选中一个电脑中的文件，单击【打开】按钮，即可将该文件传输至【文件传输助手】中。

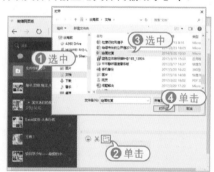

06　在手机微信中打开【文件传输助手】，点击从电脑传输而来的文件。

07 随后，文件将被下载到手机上。打开【文件管理】应用，点击【下载与收藏】选项，在打开的界面中点击【微信】选项，即可显示微信中收到的所有文件列表。

5.7.4 远程查看电脑文件

在电脑和手机上同时使用QQ软件，可以实现通过手机远程控制电脑的操作。其具体方法如下。

01 确保手机和电脑都接入Internet后，使用同一个QQ账号同时登录手机和电脑上的QQ软件。

02 在手机QQ软件中点击界面底部的【联系人】选项，在打开的界面中点击展开【我的设备】，然后点击【我的电脑】选项。

03 在打开的界面中点击界面右下角的电脑图标，打开【电脑文件】界面，点击【申请授权】按钮。

04 此时，电脑上将打开如下图所示的提示框，单击【授权】按钮，授权手机访问电脑文件。

05 随后，手机QQ上将显示电脑中的磁盘分区列表，点击一个磁盘分区，在打开的列表中可以查看分区中的文件。

06 点击磁盘分区中的一个文件，在打开的界面中点击【下载】按钮，即可使用手机下载电脑中的文件并查看其内容。

知识点滴

在手机QQ的【电脑文件】界面中，点击界面右上角的，可以在打开的界面中查看手机从电脑磁盘中下载的文件列表。

5.8 进阶实战

本章的进阶实战部分将通过实例介绍使用电脑管理文件资源的一些技巧，帮助用户进一步巩固所学的知识。

5.8.1 使用网盘保存文件

【例5-8】使用百度网盘保存电脑中的文件。 ▶视频▶

01 将电脑接入Internet后打开浏览器，在地址栏输入：http://pan.baidu.com。

02 按下回车键，打开百度网盘登录页面，在页面中输入百度账号、密码及验证码后，单击【登录】按钮。

03 进入百度网盘主界面，单击界面上方的【上传】按钮，在弹出的列表中可以选择上传文件或文件夹。

04 选择【上传文件】选项，在打开的对话框中选择一个要保存在网盘中的文件后，单击【打开】按钮。

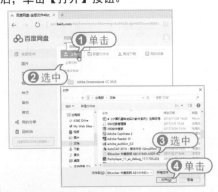

05 稍等片刻后，文件将被上传至百度网盘并显示在网盘页面中的列表内。

06 使用网盘将文件存储后，用户可以使用任何一台接入Internet的电脑随时随地下载保存在网盘上的文件。在网盘界面中右击需要下载的文件，在弹出的菜单中选择【下载】命令，即可将网盘中的文件下载到当前电脑中。

07 如果用户要删除网盘中保存的文件，可以在选中该文件前的复选框后，单击网盘页面上方的【删除】按钮，然后在打开的【确定删除】对话框中单击【确定】按钮。

5.8.2 获取文件管理权限

【例5-9】获取Windows系统文件的管理权限。 📹视频

01 在Windows 10中，右击需要获取管理权限的文件夹，在弹出的菜单中选择【属性】命令。

02 打开【属性】对话框，选择【安全】选项卡，单击【高级】按钮。在打开的【高级安全设置】对话框中单击【更改】选项。

03 打开【选择用户或组】对话框，在【输入要选择的对象名称】文本框中输入当前登录Windows 10系统的账户名称(用户可以单击开始按钮 ⊞，在弹出的菜单中，将鼠标指针放置在 ⓡ 按钮上查看当前登录的用户账户名称)，然后单击【确定】按钮。

04 返回【高级安全设置】对话框，单击【确定】按钮。

05 再次打开【高级安全设置】对话框，单击【添加】按钮，打开【权限项目】对话框，单击【选择主体】选项。

06 打开【选择用户或组】对话框，在【输入要选择的对象名称】文本框中输入当前登录Windows 10系统的账户名称，然后单击【确定】按钮。

07 打开【权限项目】对话框，选中【完全控制】复选框，然后单击【确定】按钮。

08 返回【高级安全设置】对话框，单击【确定】按钮，完成设置。

5.8.3 ◀ 转换文件格式

【例5-10】在Windows 10中显示文件的扩展名，并修改文件的格式。 视频▶

01 单击系统桌面上的【此电脑】图标，打开【此电脑】窗口，选择【查看】选项卡，在【显示/隐藏】组中选中【文件扩展名】复选框。

02 右击需要更改文件格式的文件图标，在弹出的菜单中选择【重命名】命令，然后修改文件的扩展名。

03 完成文件扩展名的修改后，按下回车键，在打开的提示框中单击【是】按钮即可。

5.9　疑点解答

● 问：在Windows 10中如何设定文件的打开方式？

答：如果要设定文件的打开方式，可以右击该文件，在弹出的菜单中选择【打开方式】|【选择其他应用】命令，在打开的对话框中选择一种应用并选中【始终使用此应用打开文件】复选框，然后单击【确定】按钮即可。此后，当用户通过双击打开同类型文件时，系统将使用设置的打开方式打开文件。

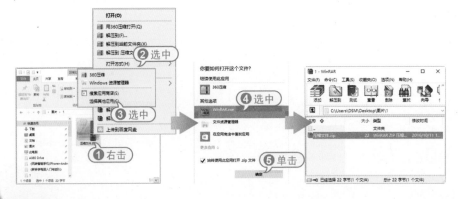

第6章

Excel 2016表格处理

　　Excel是一款功能强大的电子表格制作软件。该软件不仅具有强大的数据组织、计算、分析和统计的功能，还可以通过图表、图形等多种形式显示数据的处理结果，帮助用户轻松地制作各类电子表格，并进一步实现数据的管理与分析。

对应光盘视频

例6-1 设置Excel自动保存
例6-2 打开忘记保存的工作簿
例6-3 重命名Excel工作表
例6-4 快速移动表格行或列
例6-5 通过拖动复制行或列
例6-6 跨表设置区域的背景颜色

例6-7 使用自动填充连续输入
例6-8 转换表格数据的格式
例6-9 设置单/双斜线表头
例6-10 套用Excel表格的格式
例6-11 创建表格自定义样式
本章其他视频文件参见配套光盘

6.1 Excel 2016的基础操作

Excel 2016功能强大，它不仅可以帮助用户完成数据的输入、计算和分析等诸多工作，而且还能够创建图表，直观地展现数据之间的关联。

6.1.1 操作工作簿

Excel中的所有操作都不能独立于工作簿之外进行。工作簿的基本操作包括新建、保存、打开与关闭等几项。熟练掌握操作技巧，可以大大提高Excel表格的制作效率。

1 新建工作簿

在Excel 2016中，用户可以通过以下几种方法创建新的工作簿。

◦ 在功能区上方选择【文件】选项卡，然后选择【新建】选项，并在显示的选项区域中单击【新工作簿】选项。

◦ 按下Ctrl+N组合键。

◦ 在Windows 操作系统中安装了Excel 2016软件后，右击系统桌面，在弹出的菜单中选择【新建】命令，在该命令的子菜单中将显示【Excel工作表】命令，选择该命令将可以在电脑硬盘中创建一个Excel工作簿文件。

2 保存工作簿

当用户需要将工作簿保存在电脑硬盘中时，可以参考以下几种方法。

◦ 选择【文件】选项卡，在打开的菜单中选择【保存】或【另存为】选项。

◦ 单击快速访问工具栏中的【保存】按钮 ⊟。

◦ 按下Ctrl+N组合键。

◦ 按下Shift+F12组合键。

此外，经过编辑修改却未经过保存的工作簿在被关闭时，将自动弹出一个警告对话框，询问用户是否需要保存工作簿，单击其中的【保存】按钮，也可以保存当前工作簿。

Excel中有两个和保存功能相关的菜单命令，分别是【保存】和【另存为】，这两个命令有以下区别。

◦ 执行【保存】命令不会打开【另存为】对话框，而是直接将编辑修改后的数据保存到当前工作簿中。工作簿在保存后文件名、存放路径不会发生任何改变。

◦ 执行【另存为】命令后，将会打开【另存为】对话框，允许用户重新设置工作簿的存放路径、文件名并设置保存选项。

【例6-1】在Excel 2016中设置软件定时自动保存工作簿。 ◐视频◗

---

01 启动Excel 2016后选择【文件】选项卡，在弹出的菜单中选择【选项】选项，打开【Excel选项】对话框。

02 选择【保存】选项卡，然后选中【保存自动恢复信息时间间隔】复选框(默认被选中)，设置启动【自动保存】功能。

03 在【保存自动恢复信息时间间隔】复选框后的文本中输入15，然后单击【确定】按钮即可完成自动保存时间的设置。

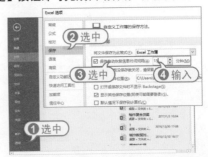

完成以上设置后，利用Excel自动保存功能恢复工作簿的方式根据Excel软件关闭的情况不同而分为两种，一种是用户手动关闭Excel程序之前没有保存文档。这种情

况通常由误操作造成，要恢复之前所编辑的状态，可以重新打开目标工作簿文档后在功能区单击【文件】选项卡，在弹出的菜单中选择【信息】选项，窗口右侧会显示工作簿最近一次自动保存的文档副本。

单击自动保存的副本即可将其打开，并在编辑栏上方显示提示信息，单击【还原】按钮可以将工作簿恢复到相应的版本。

第二种情况是Excel因发生突然性的断电、程序崩溃等状况而意外退出，导致Excel工作窗口非正常关闭，这种情况下重新启动Excel时会自动显示一个【文档恢复】窗格，提示用户可以选择打开Excel自动保存的文件版本。

3 打开工作簿

经过保存的工作簿在电脑磁盘上形成文件，用户使用标准的电脑文件管理操作方法就可以对工作簿文件进行管理，例如复制、剪切、删除、移动、重命名等。无论工作簿被保存在何处，或者被复制到不同的电脑中，只要所在的电脑上安装有Excel软件，工作簿文件就可以被再次打开执行读取和编辑等操作。

在Excel 2016中，打开现有工作簿的方法如下。

👆 双击Excel文件打开工作簿：找到工作簿的保存位置，直接双击其文件图标，Excel软件将自动识别并打开该工作簿。

👆 使用【最近使用的工作簿】列表打开工作簿：在Excel 2016中单击【文件】按钮，在打开的【打开】选项区域中单击一个最近打开过的工作簿文件。

👆 通过【打开】对话框打开工作簿：在Excel 2016中单击【文件】按钮，在打开的【打开】选项区域中单击【浏览】按钮，打开【打开】对话框，在该对话框中选中一个Excel文件后，单击【打开】按钮即可。

【例6-2】打开Excel 2016未及时保存的文档。📹视频

01 参考【例6-1】的操作打开【Excel选项】对话框，选择【保存】选项卡，选中【如果我没保存就关闭，请保留上次自动保留的版本】复选框，并在【自动恢复文件位置】文本框中输入保存恢复文件的路径。

02 选择【文件】选项卡，在弹出的菜单中选择【打开】命令，在显示区域的右下方单击【恢复未保存的工作簿】按钮。

03 打开【打开】对话框后，选择步骤1设置的路径，选中需要恢复的文件，单击【打开】按钮即可。

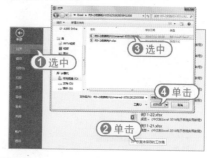

04 Excel中的【恢复未保存的工作簿】功能仅对从未保存过的新建工作簿或临时文件有效。

4 显示和隐藏工作簿

在Excel中同时打开多个工作簿，Windows系统的任务栏上就会显示所有的工作簿标签。此时，用户若在Excel功能区中选择【视图】选项卡，单击【窗口】命令组中的【切换窗口】下拉按钮，在弹出的下拉列表中可以查看所有被打开的工作簿列表。

如果用户需要隐藏某个已经打开的工作簿，可在选中该工作簿后，选择【视图】选项卡，在【窗口】命令组中单击【隐藏】按钮。如果当前打开的所有工作簿都被隐藏，Excel将显示灰色无内容的窗口界面。

隐藏后的工作簿并没有退出或关闭，而是继续驻留在Excel中，但无法通过正常的窗口切换方法来显示。

如果用户需要取消工作簿的隐藏，可以在【视图】选项卡的【窗口】命令组中单击【取消隐藏】按钮，打开【取消隐藏】对话框，选择需要取消隐藏的工作簿名称后，单击【确定】按钮。

执行取消隐藏工作簿操作，一次只能取消一个隐藏的工作簿，不能一次性对多个隐藏的工作簿同时操作。如果用户需要对多个工作簿取消隐藏，可以在执行一次取消隐藏操作后，按下F4键重复执行。

5 转换版本和格式

在Excel 2016中，用户可以参考下面介绍的方法，将早期版本的工作簿文件转换为当前版本，或将当前版本的文件转换为其他格式的文件。

01 选择【文件】选项卡，在弹出的菜单中选择【导出】命令，在显示的选项区域中单击【更改文件类型】按钮。

02 在【更改文件类型】列表框中双击需要转换的文本和文件类型后，打开【另存为】对话框，单击【保存】按钮即可。

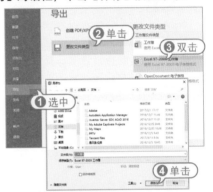

6 关闭工作簿和Excel

在完成工作簿的编辑、修改及保存后，需要将工作簿关闭，以便下次再进行操作。在Excel 2016中常用关闭工作簿的方法有以下几种。

● 单击【关闭】按钮×：单击标题栏右侧的×按钮，将直接退出Excel软件。

● 按下快捷键：按下Alt+F4组合键将强制关闭所有工作簿并退出Excel软件。按下Alt+空格组合键，在弹出的菜单中选择【关闭】命令，将关闭当前工作簿。

● 单击【文件】按钮，在弹出的菜单中选择【关闭】命令。

6.1.2 操作工作表

Excel工作表包含于工作簿之中，是工作簿的必要组成部分。工作簿总是包含一个或者多个工作表。它们之间的关系就好比是书本与图书中书页的关系。

1 创建工作表

若工作簿中的工作表数量不够，用户可以在工作簿中创建新的工作表，不仅可以创建空白的工作表，还可以根据模板插入带有样式的新工作表。Excel 2016中常用创建工作表的方法有4种，分别如下。

👆 在工作表标签栏中单击【新工作表】按钮⊕。

👆 右击工作表标签，在弹出的菜单中选择【插入】命令，然后在打开的【插入】对话框中选择【工作表】选项，并单击【确定】按钮即可。

【新工作表】按钮

👆 按下Shift+F11键，则会在当前工作表前插入一个新工作表。

👆 在【开始】选项卡的【单元格】选项组中单击【插入】下拉按钮，在弹出的下拉列表中选择【工作表】命令。

2 选取当前工作表

在实际工作中由于一个工作簿中往往包含多个工作表，因此操作前需要选取工作表。选取工作表的操作方法有以下4种。

👆 选定一张工作表，直接单击该工作表的标签即可。

👆 选定相邻的工作表，首先选定第一张工作表标签，然后按住Shift键不松并单击其他相邻工作表的标签即可。

👆 选定不相邻的工作表，首先选定第一张工作表，然后按住Ctrl键不松并单击其他任意一张工作表标签即可。

👆 选定工作簿中的所有工作表，右击任意一个工作表标签，在弹出的菜单中选择【选定全部工作表】命令即可。

3 移动和复制工作表

通过复制操作，工作表可以在另一个工作簿或者不同的工作簿中创建副本。工作表还可以通过移动操作，在同一个工作簿中改变排列顺序，也可以在不同的工作簿之间转移。

用户可以通过拖动实现工作表的复制与移动。其具体方法如下。

01 将鼠标光标移动至需要移动的工作表标签上单击，鼠标指针显示出文档的图标，此时可以拖动鼠标将当前工作表移动至其他位置。

02 拖动一个工作表标签至另一个工作表标签的上方时，被拖动的工作表标签前将出现黑色三角箭头图标，以此标识工作表的移动插入位置，此时如果释放鼠标即可移动工作表。

03 如果按住鼠标左键的同时，按住Ctrl键则执行【复制】操作，此时鼠标指针下将显示的文档图标上还会出现一个【+】，以此来表示当前操作方式为【复制】。

04 如在当前Excel工作窗口中显示了多个工作簿，拖动工作表标签的操作也可以在不同工作簿中进行。

4 删除工作表

对工作表进行编辑操作时，可以删除一些多余的工作表。这样不仅可以方便用户对工作表进行管理，也可以节省系统资源。在Excel 2016中删除工作表的常用方法如下所示。

👉 在工作簿中选定要删除的工作表，在【开始】选项卡的【单元格】命令组中单击【删除】下拉按钮，在弹出的下拉列表中选中【删除工作表】命令即可。

👉 右击要删除工作表的标签，在弹出的快捷菜单中选择【删除】命令，即可删除该工作表。

5 重命名工作表

在Excel中，工作表的默认名称为Sheet1、Sheet2、Sheet3等。为了便于记忆与使用工作表，可以重新命名工作表。在Excel 2016中右击要重新命名工作表的标签，在弹出的快捷菜单中选择【重命名】命令，即可为该工作表自定义名称。

➤ 【例6-3】将"家庭支出统计表"工作簿中的工作表依次命名为"春季"、"夏季"、"秋季"与"冬季"。

🎬 视频+素材 (光盘素材\第06章\例6-3)

01 在Excel中新建一个名为"家庭支出统计表"的工作簿后，在工作表标签栏中连续单击3次【新工作表】按钮 ⊕，创建Sheet2、Sheet3和Sheet4这3个工作表。

02 在工作表标签中，通过单击选定Sheet1工作表，然后右击鼠标，在弹出的菜单中选择【重命名】命令。

03 输入工作表名称"春季"，按Enter键即可。

| 春季 | Sheet2 | Sheet3 | Sheet4 |

04 重复以上操作，将Sheet2工作表重命名为"夏季"，将Sheet3工作表重命名为"秋季"，将Sheet4工作表重命名为"冬季"。

6.1.3 操作行与列

Excel作为一款电子表格软件，其最基本的操作形态是标准的表格——由横线和竖线组成的格子。在工作表中，由横线隔出的区域被称为"行"（Row），而被竖线分隔出的区域被称为"列"（Column）。行与列相互交叉形成了一个个的格子被称为"单元格"（Cell）。

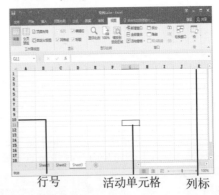

行号　　　活动单元格　　　列标

1 选择单行或单列

鼠标单击某个行号或者列标签即可选中相应的整行或者整列。当选中某行后，此行的行号标签会改变颜色，所有的列标签会加亮显示，此行的所有单元格也会加亮显示，以此来表示此行当前处于选中状态。相应的，当列被选中时也会有类似的显示效果。

除此之外，使用快捷键也可以快速地选定单行或者单列，操作方法如下：鼠标选中单元格后，按下Shift+空格键，即可选定单元格所在的行；按下Ctrl+空格键，即可选定单元格所在的列。

2 选择相邻连续的多行或多列

在Excel中用鼠标单击某行的标签后，按住鼠标不放，向上或者向下拖动，即可选中该行相邻的连续多行。选中多列的方法与此相似(选中后鼠标向左或者向右拖动)。拖动鼠标时，行或列标签旁会出现一个带数字和字母内容的提示框，显示当前选中的区域中有多少列(行)。

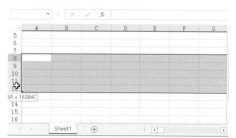

选定某行后按下Ctrl+Shift+向下方向键，如果选定行中活动单元格以下的行都不存在非空单元格，则将同时选定该行到工作表中的最后可见行。同样，选定某列后按下Ctrl+Shift+向右方向键，如果选定列中活动单元格右侧的列中不存在非空单元格，则将同时选定该列到工作表中的最后可见列。使用相反的方向键则可以选中相反方向的所有行或列。

另外，单击行列标签交叉处的【全选】按钮 ，可以同时选中工作表中的所有行和所有列，即选中整个工作表区域。

3 选择不相邻的多行或多列

要选定不相邻的多行可以通过如下操作实现。选中单行后，按下Ctrl键不放，继

续使用鼠标单击多个行标签，直至选择完所有需要选择的行，然后松开Ctrl键，即可完成不相邻的多行的选择。如果要选定不相邻的多列，方法与此相似。

4 设置行高或列宽

在Excel 2016中用户可以参考下面介绍的步骤精确设定行高和列宽。

01 选中需要设置的行，选择【开始】选项卡，在【单元格】命令组中单击【格式】按钮，在弹出的菜单中选择【行高】选项。

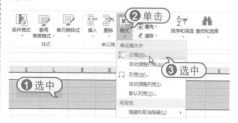

02 打开【行高】对话框，输入所需设定的行高数值，单击【确定】按钮即可。

03 设置列宽的方法与设置行高的方法类似，在此不再重复介绍。

> **知识点滴**
>
> 除了上面介绍的方法以外，用户还可以在选中行或列后右击，在弹出的菜单中选择【行高】(或者【列宽】)命令，设置行高或列宽。

5 插入行与列

用户有时需要在表格中增加一些条目的内容，并且这些内容不是添加在现有表格内容的末尾，而是插入到现有表格的中间，这时就需要在表格中插入行或列。

选中表格中的某行，或者选中行中的某个单元格，然后执行以下操作可以在行之前插入新行。

● 选择【开始】选项卡，在【单元格】命令组中单击【插入】按钮，在弹出的菜单中选择【插入工作表行】命令。

● 选中并右击某行，在弹出的菜单中选择【插入】命令。

● 选中并右击某个单元格，在弹出的菜单中选择【插入】命令，打开【插入】对话框，选中【整行】单选按钮，然后单击【确定】按钮。

● 在键盘上按下Ctrl+Shift+【＝】，打开【插入】对话框选中【整行】单选按钮，并单击【确定】按钮。

插入列的方法与插入行的方法类似，同样也可以通过列表、右键快捷菜单和键盘快捷键等几种方法操作。

另外，如果用户在执行插入行或列操作之前，选中连续的多行(或多列)，在执行【插入】操作后，会在选定位置之前插入与选定行、列相同数量的多行或多列。

6 移动或复制行与列

用户有时会需要在Excel中改变表格行列内容的放置位置与顺序，这时可以使用移动行或者列的操作来实现。

【例6-4】通过右键菜单或快捷键操作，移动表格中的行或列。

◐ 视频+素材 (光盘素材\第06章\例6-4)

01 选中需要移动的行(或列)，在【开始】选项卡的【剪贴板】命令组中单击【剪

【切】按钮，也可以在右键菜单中选择【剪切】命令，或者按下Ctrl+X键。此时，当前被选中的行将显示虚线边框。

02 选中需要移动的目标位置行的下一行，在【单元格】命令组中单击【插入】拆分按钮，在弹出的菜单中选择【插入剪切的单元格】命令，也可以在右键菜单中选择【插入剪切的单元格】命令，或者按下Ctrl+V组合键即可完成移动行操作。

完成移动操作后，需要移动的行的次序调整到目标位置之前，而此行的原有位置则被自动清除。如果用户在步骤1中选定连续的多行，则移动行的操作也可以同时对连续多行执行。非连续的多行无法同时执行剪切操作。移动列的操作方法与移动行的方法类似。

【例6-5】通过拖动鼠标复制表格中的行或列。

◐ 视频+素材 (光盘素材\第06章\例6-5)

01 选定数据行后，按下Ctrl键不放的同时拖动鼠标，鼠标指针旁显示【+】号图标。

02 目标位置出现虚线框，表示复制的数据将覆盖原来区域中的数据，此时释放鼠

标即可完成复制并插入行操作。

1月份B客户销售（出货）汇总表				
项目	本月	本月计划	去年同期	当年累计
销量	12	15	18	12
销售收入	33.12	36	41.72	33.12
毛利	3.65	5.5	34.8	3.65
销量	12	15	18	12
税前利润	2.12	2.1	2.34	2.12

通过鼠标拖动实现复制列的操作方法与以上方法类似。在Excel中可以同时对连续多行多列进行复制操作，但无法对选定的非连续多行或者多列执行拖动操作。

7　删除行与列

对于一些不再需要的行列内容，用户可以选择删除整行或者整列。删除行的具体操作方法如下。

01 选定目标整行或者多行，选择【开始】选项卡，在【单元格】命令组中单击【删除】拆分按钮，在弹出的菜单中选择【删除工作表行】命令，或者右击，在弹出的菜单中选择【删除】命令。

02 如果选择的目标不是整行，而是行中的一部分单元格，Excel将打开【删除】对话框，在该对话框中选择【整行】单选按钮，然后单击【确定】按钮即可完成目标行的删除。

03 删除列的操作与删除行的方法类似。

6.1.4　操作单元格

单元格是构成工作表最基础的组成元素。众多的单元格组成了一个完整的工作表。在Excel中，每个单元格都可以通过单元格地址进行标识，单元格地址由它所在列的列标和所在行的行号所组成，其形式通常为"字母+数字"的形式。例如，A1单元格就是位于A列第1行的单元格。

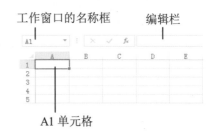

用户可以在单元格中输入和编辑数据，单元格中可以保存的数据包括数值、文本和公式等。除此以外，用户还可以为单元格添加批注以及设置各种格式。

1　选取与定位单元格

在当前的工作表中，无论用户是否曾经用鼠标单击过工作表区域，都存在一个被激活的活动单元格，例如上图中的A1单元格，该单元格即为当前被激活(被选定)的活动单元格。活动单元格的边框显示为黑色矩形边框，在Excel工作窗口的名称框中将显示当前活动单元格的地址，在编辑栏中则会显示活动单元格中的内容。

要选取某个单元格为活动单元格，用户只需要使用鼠标或者键盘按键等方式激活目标单元格即可。使用鼠标直接单击目标单元格，可以将目标单元格切换为当前活动单元格，使用键盘方向键及Page UP、Page Down等按键，也可以在工作中移动选取活动单元格。

除了以上方法以外，在工作窗口中的名称框中直接输入目标单元格的地址也可以快速定位到目标单元格所在的位置，同时激活目标单元格为当前活动单元格。与该操作效果相似的是使用【定位】的方法在表格中选中具体的单元格，方法如下。

01 在【开始】选项卡的【编辑】命令组中单击【查找和选择】下拉按钮，在弹出的下拉列表中选择【转到】命令。

02 打开【定位】对话框，在【引用位置】文本框中输入目标单元格的地址，然后单击【确定】按钮即可。

2 选取单元格区域

单元格"区域"的概念是单元格概念的延伸，多个单元格所构成的单元格群组被称为"区域"。构成区域的多个单元格之间可以是相互连续的。它们所构成的区域就是连续区域，连续区域的形状一般为矩形。多个单元格之间可以是相互独立不连续的。它们所构成的区域就成为不连续区域。对于连续区域，可以使用矩形区域左上角和右下角的单元格地址进行标识，形式上为"左上角单元格地址：右下角单元格地址"，例如下图所示的B2:F7单元格"区域"。

B2 单元格

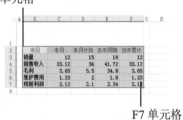

F7 单元格

上图所示的单元格区域包含了从B2单元格到F7单元格的矩形区域，矩形区域宽度为5列，高度为6行，总共30个连续单元格。

在Excel工作表中选取区域后，可以对区域内所包含的所有单元格同时执行相关命令操作，如输入数据、复制、粘贴、删除、设置单元格格式等。选取目标区域后，在其中总是包含了一个活动单元格。工作窗口名称框显示的是当前活动单元格的地址，编辑栏所显示的也是当前活动单元格中的内容。

活动单元格与区域中的其他单元格显示风格不同，区域中所包含的其他单元格会加亮显示，而当前活动单元格还是保持正常显示，以此来标识活动单元格的位置。

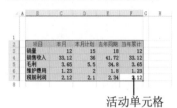

活动单元格

选定一个单元格区域后，区域中包含的单元格所在的行列标签也会显示出不同的颜色，例如上图中的B~F列和2~7行标签所示。

要在表格中选中连续的单元格，可以使用以下几种方法。

🔵 选定一个单元格，按住鼠标左键直接在工作表中拖动选取相邻的连续区域。

🔵 选定一个单元格，按下Shift键，使用方向键选择相邻的连续区域。

🔵 在工作窗口的名称框中直接输入区域地址，例如B2:F7，按下回车键确认后，即可选取并定位到目标区域。此方法可适用于选取隐藏行列中所包含的区域。

在表格中选择不连续单元格区域的方法，与选择连续单元格区域的方法类似，具体如下。

🔵 选定一个单元格，按下Ctrl键，然后使用鼠标左键单击或者拖拉选择多个单元格或者连续区域，鼠标最后一次单击的单元格，或者最后一次拖拉开始之前选定的单元格就是选定区域的活动单元格。

🔵 按下Shift+F8组合键，可以进入【添加】模式，与上面按Ctrl键作用相同。进入添加模式后，再用鼠标选取的单元格或者单元格区域会添加到之前的选取当中。

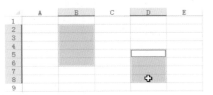

除了可以在一张工作表中选取某个二维区域以外，用户还可以在Excel中同时在多张工作表上选取三维的多表区域。

【例6-6】在Sheet1、Sheet2、Sheet3工作表中分别设置B3:D6单元格区域的背景颜色(任意)。 视频

01 在Sheet1工作表中选中B3:D6区域，按住Shift键，单击Sheet3工作表标签，再释放Shift键，此时Sheet1~Sheet3单元格的B3:D6单元格区域构成了一个三维的多表区域，并进入多表区域的工作编辑模式，在工作窗口的标题栏上显示出"[工作组]"字样。

02 在【开始】选项卡的【字体】命令中单击【填充颜色】按钮，在弹出的颜色选择器中选择一种颜色即可。

03 切换Sheet1、Sheet2、Sheet3工作表，可以看到每个工作表的B3:D6区域单元格背景颜色均被统一填充了颜色。

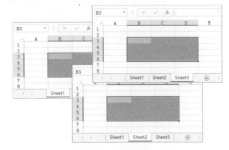

6.2 输入与编辑数据

正确合理地输入和编辑数据，对于表格数据采集和后续的处理与分析具有非常重要的作用。当用户掌握了科学的方法并运用一定的技巧，可以使Excel表格数据的输入与编辑变得事半功倍。

6.2.1 在单元格中输入数据

要在单元格内输入数值和文本类型的数据，用户可以在选中目标单元格后，直接向单元格内输入数据。数据输入结束后按下Enter键或者使用鼠标单击其他单元格都可以确认完成输入。要在输入过程中取消本次输入的内容，则可以按下Esc键退出输入状态。

当用户输入数据的时候(Excel工作窗口底部状态栏的左侧显示"输入"字样)，原有编辑栏的左边出现两个新的按钮，分别是 ✕ 和 ✓。如果用户单击 ✓ 按钮，可以对当前输入的内容进行确认；如果单击 ✕ 按钮，则表示取消输入。

虽然单击 ✓ 按钮和按下Enter键同样都可以对输入内容进行确认，但两者的效果并不完全相同。当用户按下Enter键确认输入后，Excel会自动将下一个单元格激活为活动单元格，这为需要连续数据输入的用户提供了便利。而当用户单击 ✓ 按钮确认输入后，Excel不会改变当前选中的活动单元格。

6.2.2 编辑单元格中的内容

对于已经存放数据的单元格，用户可以在激活目标单元格后，重新输入新的内容来替换原有数据。但是，如果用户只想对其中的部分内容进行编辑修改，则可以激活单元格进入编辑模式。有以下几种方式可以进入单元格编辑模式。

💧 双击单元格，在单元格中的原有内容后会出现竖线光标显示，提示当前进入编辑模式，光标所在的位置为数据插入位置。在内容中不同位置单击或者右击，可以移动鼠标光标插入点的位置。用户可以在单元格中直接对其内容进行编辑修改。

💧 激活目标单元格后按下F2快捷键，进入编辑单元格模式。

💧 激活目标单元格，然后单击Excel编辑栏内部。这样可以将竖线光标定位在编辑栏中，激活编辑栏的编辑模式。用户可以在编辑栏中对单元格原有的内容进行编辑修改。对于数据内容较多的编辑修改，特别是对公式的修改，建议用户使用编辑栏的编辑方式。

进入单元格的编辑模式后，工作窗口底部状态栏的左侧会出现"编辑"字样，用户可以在键盘上按下Insert键切换【插入】或者【改写】模式。用户也可以使用鼠标或者键盘选取单元格中的部分内容进行复制和粘贴操作。

另外，按下Home键可以将鼠标光标定位到单元格内容的开头，按下End键则可以将光标插入点定位到单元格内容的末尾。在编辑修改完成后，按下Enter键或者使用 ✓ 按钮同样可以对编辑的内容进行确认输入。

如果在单元格中输入的是一个错误的数据，用户可以再次输入正确的数据覆盖它，也可以单击【撤销】按钮 ↺ 或者按下Ctrl+Z撤销本次输入。

用户单击一次【撤销】按钮 ↺，只能撤销一步操作，如果需要撤销多步操作，用户可以多次单击【撤销】按钮 ↺，或者单击该按钮旁的 ▾ 下拉按钮，在弹出的下拉列表中选择需要撤销返回的具体操作。

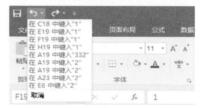

6.2.3 删除单元格中的内容

对于表格中不再需要的单元格内容，如果用户需要将其删除，可以先选中目标单元格(或单元格区域)，然后按下Delete键，将单元格中所包含的数据删除。但是这样的操作并不会影响单元格中的格式、批注等内容。要彻底地删除单元格中的内容，可以在选中目标单元格(或单元格区域)后，在【开始】选项卡的【编辑】命令组中单击【清除】下拉按钮，在弹出的下拉列表中选择相应的命令，具体如下。

💧 全部清除：清除单元格中的所有内容，包括数据、格式、批注等。

清除格式：只清除单元格中的格式，保留其他内容。

清除内容：只清除单元格中的数据，包括文本、数值、公式等，保留其他。

清除批注：只清除单元格中附加的批注。

清除超链接：在单元格中弹出如下图所示的按钮，单击该按钮，用户在弹出的下拉列表中可以选择【仅清除超链接】或者【清除超链接和格式】选项。

删除超链接：清除单元格中的超链接和格式。

6.2.4 快速输入数据的技巧

数据输入是日常办公中使用Excel工作的一项必不可少的操作。对于某些特定的行业和特定的岗位来说，在工作中输入数据甚至是一项频率很高却又效率极低的工作。如果用户学习并掌握一些数据输入的技巧，就可以极大地简化数据输入的操作，提高工作效率。

1 强制换行

如果用户需要在一个单元格中输入大量的文字，当文本内容过长时，可以使用【强制换行】功能来控制文本的换行。在需要换行的位置按下Alt+Enter键即可为文本添加一个强制换行符。此时单元格和编辑栏中都会显示控制换行后的段落结构。

2 在多个单元格同时输入数据

当用户需要在多个单元格中同时输入

相同的数据时，许多用户想到的办法就是输入其中一个单元格，然后复制到其他所有单元格中。对于这样的方法，如果用户能够熟练操作并且合理使用快捷键，也是一种高效的选择。但还有一种操作方法，可以比复制/粘贴操作更加方便快捷。

同时，选中需要输入相同数据的多个单元格，输入所需的数据，在输入结束时，按下Ctrl+Enter键确认输入。此时将会在选定的所有单元格中显示相同的输入内容。

3 输入指数上标

在工程和数学等方面的应用上，经常会需要输入一些带有指数上标的数字或者符号单位，如10^2、M^2等。在Word软件中，用户可以使用上标工具来实现操作，但在Excel中没有这样的功能。用户需要通过设置单元格格式的方法来实现指数在单元格中的显示。其具体方法如下。

01 若用户需要在单元格中输入M^{-10}，可先在单元格中输入"M-10"，然后激活单元格编辑模式，用鼠标选中文本中的"-10"部分。

02 按下Ctrl+1键，打开【设置单元格格式】对话框，选中【上标】复选框后，单击【确定】按钮即可。

03 此时，在单元格中数据将显示为"M^{-10}"，但在编辑栏中数据仍旧显示为"M-10"。

4 自动输入小数点

有一些数据处理方面的应用(如财务报表、工程计算等)经常需要用户在单元格中大量输入数值数据,如果这些数据需要保留的最大小数位数是相同的,用户可以参考下面介绍的方法,设置在Excel中输入数据时免去小数点"."的输入操作,从而提高输入效率。

01 以输入数据最大保留3位小数为例,打开【Excel选项】对话框后,选择【高级】选项卡,选中【自动插入小数点】复选框,并在复选框下方的微调框中输入3。

02 单击【确定】按钮,在单元格中输入"11111",将自动添加小数。

5 记忆式键入

有时用户在表格中输入的数据会包含

较多的重复文字,例如在建立公司员工档案信息时,在输入部门时,总会使用到很多相同的部门名称。如果希望简化此类输入,可参考下面介绍的方法。

01 打开【Excel选项】对话框,选择【高级】选项卡,选中【为单元格值启动记忆式键入】复选框后,单击【确定】按钮。

02 启动以上功能后,当用户在同一列输入相同的信息时,就可以利用【记忆性键入】来简化输入。例如,用户在下图所示的A2单元格中输入"华东区分店营业一部"后按下Enter键,在A3单元格中输入"华东区",Excel即会自动输入"分店营业一部"。

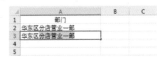

6.3 使用自动填充与序列

除了通常的数据输入方式以外,如果数据本身包括某些顺序上的关联特性,用户还可以使用Excel所提供的填充功能批量录入数据。

6.3.1 使用自动填充

当用户需要在工作表中连续输入某些"顺序"数据时,例如星期一、星期二、……,甲、乙、丙、……等,可以利用Excel的自动填充功能实现快速输入。

在Excel中使用【自动填充】功能之前,应先确保【单元格拖放】功能已被启用。打开【Excel选项】对话框,选择【高级】选项卡,然后在对话框右侧的选项区域中选中【启用填充柄和单元格拖放功能】复选框即可。

【例6-7】使用自动填充连续输入1~10的数字，连续输入甲、乙、丙等10个天干。

🔊 视频 ▶

01 在A1单元格中输入"1"，在A2单元格中输入"2"。

02 选中A1:A2单元格区域，将鼠标移动至区域中的黑色边框右下角，当鼠标指针显示为黑色加号时，按住鼠标左键向下拖动，直到A10单元格时释放鼠标。

03 在B1单元格中输入"甲"，选中B1单元格将鼠标移动至填充柄处，当鼠标指针显示为黑色加号时，双击鼠标左键即可。

除了数值型数据以外，使用其他类型数据(包括文本类型和日期时间类型)进行连续填充时，并不需要提供头两个数据作为填充依据，只需要提供一个数据即可。例如在【例6-7】中的B1单元格数据"甲"。

除了拖动填充柄执行自动填充操作以外，双击填充柄也可以完成自动填充操作。当数据的目标区域的相邻单元格存在数据时(中间没有单元格)，双击填充柄的操作可以代替拖动填充柄的操作。例如在【例6-7】中，与B1:B10相邻的A1:A10中都存在数据，可以采用填充柄操作。

6.3.2 使用序列

在Excel中可以实现自动填充的"顺序"数据被称为序列。在前几个单元格内输入序列中的元素，就可以为Excel提供识别序列的内容及顺序信息，以及Excel在使用自动填充功能时，自动按照序列中的元素、间隔顺序来依次填充。

用户可以在【Excel选项】对话框中查看可以被自动填充的序列到底包括哪些。

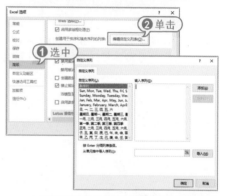

上图所示的【自定义序列】对话框左侧的列表中显示了当前Excel中可以被识别的序列(所有的数值型、日期型数据都是可以被自动填充的序列，不再显示于列表中)，用户也可以在右侧的【输入序列】文本框中手动添加新的数据序列作为自定义系列，或者引用表格中已经存在的数据列表作为自定义序列进行导入。

Excel中自动填充的使用方式相当灵活，用户并非必须从序列中的一个元素开始自动填充，而是可以始于序列中的任何一个元素。当填充的数据达到序列尾部时，下一个填充数据会自动取序列开头的元素，循环往复地继续填充。例如在下图所示的表格中，显示了从"六月"开始自动填充多个单元格的结果。

除了对自动填充的起始元素没有要求之外，填充时序中的元素的顺序间隔也没有严格限制。

当用户只在一个单元格中输入序列元素时(除了纯数值数据以外)，自动填充功能默认以连续顺序的方式进行填充。而当用户在第一、第二个单元格内输入具有一定间隔的序列元素时，Excel会自动按照间隔的规律来选择元素进行填充，例如在下图所示的表格中，显示了从六月、九月开始自动填充多个单元格的结果。

如果用户提供的初始信息缺乏线性的规律，不符合序列元素的基本排列顺序，则Excel不能识别为序列，此时使用填充功能并不能使填充区域出现序列内的其他元素，而只是单纯实现复制功能效果。

6.3.3 使用填充菜单

除了可以通过拖动或者双击填充柄的方式进行自动填充以外，使用Excel功能区中的填充命令，也可以在连续单元格中批量输入定义为序列的数据内容。

01 选择【开始】选项卡，在【编辑】命令组中单击【填充】下拉按钮，在弹出的

下拉列表中选择【序列】命令，打开【序列】对话框。

02 在【序列】对话框中，用户可以选择序列填充的方向为【行】或者【列】，也可以根据需要填充的序列数据类型，选择不同的填充方式。

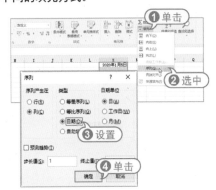

1 文本型数据序列

对于包含文本型数据的序列，例如内置的序列"甲、乙、丙、……癸"，在【序列】对话框中实际可用的填充类型只有【自动填充】。其具体操作方法如下。

01 在单元格中输入需要填充的序列元素，例如"甲"。

02 选中输入序列元素的单元格以及相邻的目标填充区域。

03 选择【开始】选项卡，在【编辑】命令组中单击【填充】下拉按钮，在弹出的下拉列表中选择【序列】命令，打开【序列】对话框，在【类型】区域中选择【自动填充】选项，单击【确定】按钮。

04 此时，单元格区域的填充效果将如下图所示。

上面所示的填充方式与使用填充柄的自动填充方式十分相似，用户也可以在前两个单元格中输入具有一定间隔的序列元素，使用相同的操作方式填充出具有相同间隔的连续单元格区域。

2 数值型数据序列

对于数值型数据，用户可以采用以下两种填充类型。

🔹 等差序列：使数值数据按照固定的差值间隔依次填充，需要在【步长值】文本框内输入此固定差值。

🔹 等比数列：使数值数据按照固定的比例间隔依次填充，需要在【步长值】文本框内输入此固定比例值。

对于数值型数据，用户还可以在【序列】对话框的【终止值】文本框内输入填充的最终目标数据，以确定填充单元格区域的范围。在输入终止值的情况下，用户不需要预先选取填充目标区域即可完成填充操作。

除了用户手动设置数据变化规律以外，Excel还具有自动测算数据变化趋势的能力。当用户提供连续两个以上单元格数据时，选定这些数据单元格和目标填充区域，然后选中【序列】对话框内的【预测趋势】复选框，并且选择数据填充类型(等比或者等差序列)，然后单击【确定】按钮即可使Excel自动测算数据变化趋势并且进行填充操作。例如如下图所示为1、3、9，选择等比方式进行预测趋势填充效果。

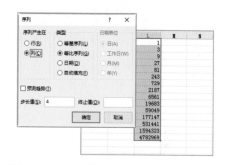

3 日期型数据序列

对于日期型数据，Excel会自动选中【序列】对话框中的【日期】类型，同时右侧【日期单位】选项区域中的选项将高亮显示，用户可以对其进一步设置。

🔹 【日】：填充时以天数作为日期数据传递变化的单位。

🔹 【工作日】：填充时同样以天数作为日期数据递增变化的单位，但是其中不包含周末以及定义过的节假日。

🔹 【月】：填充时以月份作为日期数据递

增变化的单位。

【年】：填充时以年份作为日期数据递增变化的单位。

选中以上任意选项后，需要在【序列】对话框的【步长值】文本框中输入日期组成部分递增变化的间隔值。此外，用户还可以在【终止值】文本框中输入填充的最终目标日期，以确定填充单元格区域的重复范围。以下图为例，显示了2030年1月20日为初始日期的数据序列(在【序列】对话框中选择按【月】变化，【步长值】为3的数据填充效果)。

日期型数据也可以使用等差序列和等比序列的填充方式，但是当填充的数值超过Excel的日期范围时，则单元格中的数据无法正常显示，而是显示一串"#"号。

6.4　设置数据的数字格式

Excel提供多种对数据进行格式化的功能，除了对齐、字体、字号、边框等常用的格式化功能以外，更重要的是其【数字格式】功能。该功能可以根据数据的意义和表达需求来调整显示外观，完成匹配展示的效果。

例如，在下图中，通过对数据进行格式化设置，可以明显地提高数据的可读性。

Excel内置的数字格式大部分适用于数值型数据，因此称之为"数字"格式。但数字格式并非数值数据专用，文本型的数据同样也可以被格式化。用户可以通过创建自定义格式，为文本型数据提供各种格式化的效果。

对单元格中的数据应用格式，可以使用以下两种方法。

⚫ 打开【单元格格式】对话框，选择【数字】选项卡。

⚫ 使用快捷键应用数字格式。

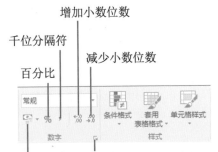

在工作表中选中包含数值的单元格区域，然后单击上图所示的按钮或选项，即可应用相应的数字格式。【数字】命令组中各个按钮的功能说明如下。

⚫ 【会计专用格式】：在数值开头添加货币符号，并为数值添加千位分隔符，数值显示两位小数。

⚫ 【百分比样式】：以百分数形式显示数值。

⚫ 【千位分隔符样式】：使用千位分隔符

分隔数值，显示两位小数。

🔵【增加小数位数】：在原数值小数位数的基础上增加一位小数位。

🔵【减少小数位数】：在原数值小数位数的基础上减少一位小数位。

🔵【常规】：未经特别指定的格式，为Excel的默认数字格式。

🔵【长日期与短日期】：以不同的样式显示日期。

6.4.1 用快捷键设置数字格式

通过键盘快捷键也可以快速地对目标单元格或单元格区域设定数字格式，具体如下。

🔵 Ctrl+Shift+~键：设置为常规格式，即不带格式。

🔵 Ctrl+Shift+%键：设置为百分数格式，无小数部分。

🔵 Ctrl+Shift+^键：设置为科学计数法格式，含两位小数。

🔵 Ctrl+Shift+#键：设置短日期格式。

🔵 Ctrl+Shift+@键：设置为时间格式，包含小时和分钟显示。

🔵 Ctrl+Shift+!键：设置为千位分隔符显示格式，不带小数。

6.4.2 用对话框设置数字格式

若用户希望在更多的内置数字格式中进行选择，可以通过【单元格格式】对话框中的【数字】选项卡来进行数字格式设置。选中包含数据的单元格或区域后，有以下几种方式可以打开【单元格格式】对话框。

🔵 在【开始】选项卡的【数字】命令组中单击【对话框启动器】按钮 。

🔵 在【数字】命令组的【格式】下拉列表中单击【其他数字格式】选项。

🔵 按下Ctrl+1键。

🔵 右击，在弹出的菜单中选择【设置单元格格式】命令。

在【数字】选项卡中的【分类】列表中显示了Excel内置的12类数字格式，除了【常规】和【文本】外，其他每一种格式类型中都包含了更多的可选择样式或选项。在【分类】列表中选择一种格式类型后，对话框右侧就会显示相应的选项区域，并根据用户所做的选择将预览效果显示在"示例"区域中。

【例6-8】将表格中的数值设置为人民币格式(显示两位小数，负数显示为带括号的红色字体)。

🔵 视频+素材 (光盘素材\第06章\例6-8)

01 选中A1:B5单元格区域，按下Ctrl+1键打开【单元格格式】对话框。

02 在【分类】列表框中选择【货币】选项，在对话框右侧的【小数负数】微调框中设置数值为2，在【货币符号】下拉列表中选择【¥】，最后在【负数】下拉列表中选择带括号的红色字体样式。

03 单击【确定】按钮格式化后，单元格的显示效果如下图所示。

在【单元格格式】对话框中各类数字格式的详细说明如下。

🔵 **常规**：数据的默认格式，即未进行任何特殊设置的格式。

🔵 **数值**：可以设置小数位数、选择是否添加千位分隔符，负数可以设置特殊样式(包括显示负号、显示括号、红色字体等几种格式)。

🔵 **货币**：可以设置小数位数、货币符号。负数可以设置特殊样式(包括显示负号、显示括号、红色字体等几种样式)。数字显示自动包含千位分隔符。

🔵 **会计专用**：可以设置小数位数、货币符号，数字显示自动包含千位分隔符。与货币格式不同的是，本格式将货币符号置于单元格最左侧进行显示。

🔵 **日期**：可以选择多种日期显示模式，其中包括同时显示日期和时间的模式。

🔵 **时间**：可以选择多种时间显示模式。

🔵 **百分比**：可以选择小数位数。数字以百分数形式显示。

🔵 **分数**：可以设置多种分数，包括显示一位数分母、两位数分母等。

🔵 **科学记数**：以包含指数符号(E)的科学记数形式显示数字，可以设置显示的小数位数。

🔵 **文本**：将数值作为文本处理。

🔵 **特殊**：包含了几种以系统区域设置为基础的特殊格式。在区域设置为【中文(中国)】的情况下，包括3种允许用户自己定义格式，其中Excel已经内置了部分自定义格式，内置的自定义格式不可删除。

6.5　复制与粘贴单元格及区域

用户如果需要将工作表中的数据从一处复制或移动到其他位置，在Excel中可以参考以下方法操作。

🔵 **复制**：选择单元格区域后，执行【复制】操作，然后选取目标区域，按下Ctrl+V键执行【粘贴】操作。

🔵 **移动**：选择单元格区域后，执行【剪切】操作，然后选取目标区域，按下Ctrl+V键执行【粘贴】操作。

复制和移动的主要区别在于，复制是产生源区域的数据副本，最终效果不影响源区域，而移动则是将数据从源区域移走。

6.5.1　复制单元格和区域

用户可以参考以下几种方法复制单元格和区域。

🔵 选择【开始】选项卡，在【剪贴板】命令组中单击【复制】按钮 。

🔵 按下Ctrl+C键。

🔵 右击选中的单元格区域，在弹出的菜单中选择【复制】命令。

完成以上操作将会把目标单元格或区

域中的内容添加到剪贴板中(这里所指的"内容"不仅包括单元格中的数据,还包括单元格中的任何格式、数据有效性以及单元格的批注)。

6.5.2 剪切单元格和区域

用户可以参考以下几种方法剪切单元格和区域。

- 选择【开始】选项卡,在【剪贴板】命令组中单击【剪切】按钮。
- 按下Ctrl+X键。
- 右击单元格或区域,在弹出的菜单中选择【剪切】命令。

完成以上操作后,即可将单元格或区域的内容添加到剪贴板上。在进行粘贴操作之前,被剪切的单元格或区域中的内容并不会被清除,直到用户在新的目标单元格或区域中执行粘贴操作。

6.5.3 粘贴单元格和区域

用【粘贴】操作实际上是从剪贴板中取出内容存放到新的目标区域中(Excel软件允许粘贴操作的目标区域等于或大于源区域)。用户可以参考以下几种方法实现【粘贴】单元格和区域操作。

- 选择【开始】选项卡,在【剪贴板】命令组中单击【粘贴】按钮。
- 按下Ctrl+V键。

完成以上操作后,即可将最近一次复制或剪切操作源区域内容粘贴到目标区域中。如果之前执行的是剪切操作,此时会将源单元格和区域中的内容清除。如果复制或剪切的内容只需要粘贴一次,用户可以在目标区域中按下Enter键。

6.5.4 使用【粘贴选项】

用户执行【复制】命令后再执行【粘贴】命令时,默认情况下被粘贴区域的右下角会显示【粘贴选项】按钮,单击该按钮,将展开如下图所示的菜单。

此外,在执行了复制操作后,在【开始】选项卡的【剪贴板】命令组中单击【粘贴】按钮,也会打开类似下拉菜单。

在默认的【粘贴】操作中,粘贴到目标区域的内容包括源单元格中的全部内容,包括数据、公式、单元格格式、条件格式、数据有效性以及单元格的批注。而通过在【粘贴选项】下拉菜单中进行选择,用户可以根据自己的需求来进行粘贴。

6.5.5 使用【选择性粘贴】

【选择性粘贴】是Excel中非常有用的粘贴辅助功能,其中包含了许多详细的粘贴选项设置,以方便用户根据实际需求选择多种不同的复制粘贴方式。要打开【选择性粘贴】对话框,需要先执行【复制】操作,然后参考以下两种方法之一操作。

- 选择【开始】选项卡,在【剪贴板】命令组中单击【粘贴】拆分按钮,在弹出的下拉列表中选择【选择性粘贴】命令。
- 在粘贴的目标单元格中右击,在弹出的菜单中选择【选择性粘贴】命令。

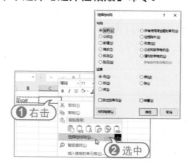

在Excel中，除了以上所示的复制和移动方法以外，用户还可以通过拖放鼠标的方式直接对单元格和区域进行复制或移动操作。执行【复制】操作的方法如下。

01 选中需要复制的目标单元格区域，将鼠标指针移动至区域边缘，当指针颜色显示为黑色十字箭头时，按住鼠标左键。

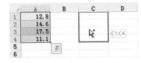

02 拖动鼠标，移动至需要粘贴数据的目标位置后按下Ctrl键，此时鼠标指针显示为带加号"+"的指针样式，最后依次释放鼠标左键和Ctrl键，即可完成复制操作。

通过拖放鼠标移动数据的操作与复制类似，区别是在操作的过程中不需要按住Ctrl键。

鼠标拖放实现复制和移动的操作方式不仅适合同个工作表中的数据复制和移动，也同样适用于不同工作表或不同工作簿之间的操作。

💡 要将数据复制到不同的工作表中，可以在拖动过程中将鼠标移动至目标工作表标签上方，然后按Alt键(同时不要松开鼠标左键)，即可切换到目标工作表中，此时再执行上面步骤2的操作，即可完成跨表粘贴。

💡 要在不同的工作簿之间复制数据，用户可以在【视图】选项卡的【窗口】命令组中选择相关命令，同时显示多个工作簿窗口，即可在不同的工作簿之间拖放数据进行复制。

6.6　查找与替换表格数据

在工作表中查找一些特定的字符串时，用查看每个单元格的形式就太麻烦了，特别是在一份较大的工作表或工作簿中查找。因此，用Excel提供的查找和替换功能就可以方便地查找和替换需要的内容。

6.6.1　查找数据

在使用电子表格的过程中，常常需要查找某些数据。使用Excel的数据查找功能可以快速查找出满足条件的所有单元格，还可以设置查找数据的格式，进一步提高编辑和处理数据的效率。

在Excel 2016中查找数据时，可以选择【开始】选项卡，在【编辑】组中单击【查找和选择】下拉列表按钮 ，然后在弹出的下拉列表中选中【查找】选项，打开【查找和替换】对话框。接下来，在该对话框的【查找内容】文本框中输入要查找的数据，然后单击【查找下一个】按钮。Excel会自动在工作表中选定相关的单元格，若想查看下一个查找结果，则再

次单击【查找下一个】按钮即可，如此类推。

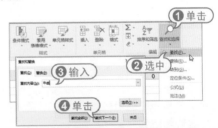

若用户想要显示所有的查找结果，则在【查找和替换】对话框中单击【查找全部】按钮即可。

另外，在Excel中使用Ctrl+F快捷键，可以快速打开【查找和替换】对话框的【查找】选项卡。若查找的结果条目过

多，用户还可以在【查找】选项卡中单击【选项】按钮，显示相应的选项区域，详细设置查找选项后再次查找。

在【选项】选项区域中，各选项的功能说明如下。

👆 单击【格式】按钮，可以为查找的内容设置格式限制。

👆 在【范围】下拉列表框中可以选择搜索当前工作表还是搜索整个工作簿。

👆 在【搜索】下拉列表框中可以选择按行搜索还是按列搜索。

👆 在【查找范围】下拉列表框中可以选择是查找公式、值或是批注中的内容。

👆 通过选中【区分大小写】、【单元格匹配】和【区分全/半角】等复选框可以设置在搜索时是否区别大小写、全角半角等。

6.6.2 替换数据

在Excel中，若用户要统一替换一些内容，则可以使用数据替换功能。通过【查找和替换】对话框，不仅可以查找表格中的数据，还可以将查找的数据替换为新的数据，这样可以大大提高工作效率。

在Excel 2016中需要替换数据时，可以选择【开始】选项卡，在【编辑】组中单击【查找和选择】下拉列表按钮 ，然后在弹出的下拉列表中选中【替换】选项，打开【查找和替换】对话框的【替换】选项卡，在【查找内容】文本框中输入要替换的数据，在【替换为】文本框中输入要替换为的数据，并单击【查找下一个】按钮，Excel会自动在工作表中选定相关的单元格。此时，若要替换该单元格的数据则单击【替换】按钮，若不要替换则单击【查找下一个】按钮，查找下一个要替换的单元格。若用户单击【全部替换】按钮，则Excel会自动替换所有满足替换条件的单元格中的数据。

若要详细设置替换选项，则在【替换】选项卡中单击【选项】按钮，打开相应的选项区域。在该选项区域中，用户可以详细设置替换的相关选项，其设置方法与设置查找选项的方法相同。

进阶技巧

在Excel 2016中使用Ctrl+H快捷键，可以快速打开【查找和替换】对话框的【替换】选项卡。

6.7 隐藏和锁定单元格

在工作中，用户如果需要将某些单元格或区域隐藏，或者将部分单元格或整个工作表锁定，防止泄露机密或者意外的编辑删除数据，可以通过设置Excel单元格格式的【保护】属性，再配合【工作表保护】功能，来方便地实现需求目的。

6.7.1 隐藏单元格和区域

要隐藏工作表中的单元格或单元格区域，用户可以参考以下步骤。

01 选中需要隐藏内容的单元格或区域后，按下Ctrl+1键，打开【设置单元格格式】对话框，选择【数字】选项卡，将单元格格式设置为";;;"，单击【确定】按钮。

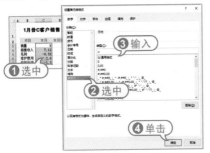

02 选择【保护】选项卡，选中【隐藏】复选框，然后单击【确定】按钮。

03 选择【审阅】选项卡，在【更改】命令组中单击【保护工作表】按钮，打开【保护工作表】对话框，单击【确定】按钮即可完成单元格内容的隐藏。

6.8 设置单元格格式

工作表的整体外观由各个单元格的样式构成。单元格的样式外观在Excel的可选设置中主要包括数据显示格式、字体样式、文本对齐方式、边框样式以及单元格颜色等。

在Excel中，对于单元格格式的设置和修改，用户可以通过【功能区命令组】、

知识点滴

除了上面介绍的方法以外，用户也可以先将整行或者整列单元格选中，在【开始】选项卡的【单元格】命令组中单击【格式】拆分按钮，在弹出的菜单中选择【隐藏和取消隐藏】|【隐藏行】(或隐藏列)命令，然后再执行【工作表保护】操作，达到隐藏数据的目的。

6.7.2 锁定单元格和区域

Excel中单元格是否可以被编辑，取决于以下两项设置。

● 单元格是否被设置为【锁定】状态。
● 当前工作表是否执行了【工作表保护】命令。

当用户执行了【工作表保护】命令后，所有被设置为【锁定】状态的单元格，将不允许再被编辑，而未被执行【锁定】状态的单元格仍然可以被编辑。

要将单元格设置为【锁定】状态，用户可以在【单元格格式】对话框中选择【保护】选项卡，然后选中该选项卡中的【锁定】复选框。

知识点滴

Excel中所有单元格的默认状态都为【锁定】状态。

【浮动工具栏】以及【设置单元格格式】对话框来实现。

💧 功能区命令组：在【开始】选项卡中提供了多个命令组用于设置单元格格式，包括【字体】、【对齐方式】、【数字】、【样式】等。

💧 浮动工具栏：选中并右击单元格，在弹出的菜单的上方将会显示如下图所示的浮动工具栏，在浮动工具栏中包括了常用的单元格格式设置命令。

💧【设置单元格格式】对话框：在【设置单元格格式】对话框中，用户可以根据需要选择合适的选项卡，设置单元格的格式。

6.8.1 使用Excel实时预览

设置单元格格式时，部分Excel工具在软件默认状态支持实时预览格式效果。如果用户需要关闭或者启用该功能，可以参考以下方法操作。

01 选择【文件】选项卡后，单击【选项】选项打开【Excel选项】对话框，然后选中【常规】选项卡。

02 在对话框右侧的选项区域中选中【启用实时预览】复选框后，单击【确定】按钮即可。

6.8.2 设置对齐

打开【设置单元格格式】对话框，选中【对齐】选项卡，该选项卡主要用于设置单元格文本的对齐方式，此外还可以对文本方向、文字方向以及文本控制等内容进行相关的设置，具体如下。

1 文本方向和文字方向

当用户需要将单元格中的文本以一定倾斜角度进行显示时，可以通过【对齐】选项卡中的【方向】设置来实现。

💧 设置倾斜文本角度：在【对齐】选项卡右侧的【方向】半圆形表盘显示框中，用户可以通过鼠标操作指针直接选择倾斜角度，或通过下方的微调框来设置文本的倾斜角度，改变文本的显示方向。文本倾斜角度设置范围为-90度至90度。如下图所示为从左到右依次展示了文本分别倾斜90度、45度、0度、-45度和-90度的效果。

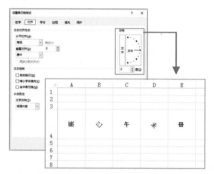

💧 设置【竖排文本方向】：竖排文本方向指的是将文本由水平排列状态转为竖直排列状态，文本中的每一个字符仍保持水平显示。要设置竖排文本方向，在【开始】选项卡的【对齐方式】命令组中单击【方向】下拉按钮，在弹出的下拉列表中选择【竖排文字】命令即可。

💧 设置【垂直角度】：垂直角度文本指的是将文本按照字符的直线方向垂直旋转90

度或-90度后形成的垂直显示文本，文本中的每一个字符均相应地旋转90度。要设置垂直角度文本，在【开始】选项卡的【对齐方式】命令组中单击【方向】下拉按钮，在弹出的下拉列表中选择【向上旋转文本】或【向下旋转文本】命令即可。

🍩 设置【文字方向】与【文本方向】：文字方向与文本方向在Excel中是两个不同的概念，【文字方向】指的是文字从左至右或者从右至左的书写和阅读方向。目前大多数语言都是从左到右书写和阅读，但也有不少语言是从右到左书写和阅读，如阿拉伯语、希伯来语等。在使用相应的语言支持的Office版本后，可以在【对齐】选项卡中单击【文字方向】下拉按钮，将文字方向设置为【总是从右到左】，以便于输入和阅读这些语言。

2 水平对齐

在Excel中设置水平对齐包括常规、靠左、填充、居中、靠右、两端对齐、跨列居中、分散对齐这8种对齐方式，其各自的作用如下。

🍩 常规：Excel默认的单元格内容的对齐方式有数值型数据靠右对齐、文本型数据

靠左对齐、逻辑值和错误值居中。

🍩 靠左：单元格内容靠左对齐，如果单元格内容长度大于单元格列宽，则内容会从右侧超出单元格边框显示。如果右侧单元格非空，则内容右侧超出部分不被显示。在【对齐】选项卡的【缩进】微调框中可以调整离单元格右侧边框的距离，可选缩进范围为0~15个字符。例如，如下图所示为以悬挂缩进方式设置分级文本。

🍩 填充：重复单元格内容直到单元格的宽度被填满。如果单元格列宽不足以重复显示文本的整数倍数时，则文本只显示整数倍次数，其余部分不再显示出来。

🍩 居中：单元格内容居中，如果单击单元格内容长度大于单元格列宽，则内容会从两侧超出单元格边框显示。如果两侧单元格非空，则内容超出部分不被显示。

🍩 靠右(缩进)：单元格内容靠右对齐，如果单元格内容长度大于单元格列宽，则内容会从左侧超出单元格边框显示。如果左侧单元格非空，则内容左侧超出部分不被显示。可以在【缩进】微调框内调整距离单元格左侧边框的距离，可选缩进范围为0~15个字符。

💡 两端对齐：使文本两端对齐。单行文本以类似【靠左】方式对齐。如果文本过长并超过列宽时，文本内容会自动换行显示。

💡 跨列居中：单元格内容在选定的同一行内连续多个单元格中居中显示。此对齐方式常用于在不需要合并单元格的情况下，居中显示表格标题。

💡 分散对齐：将中文字符，以及包括空格间隔的英文单词等在内的单元格内容，在单元格内平均分布并充满整个单元格宽度，并且两端靠近单元格边框。对于连续的数字或字母符号等文本则不产生作用。可以使用【缩进】微调框调整距离单元格两侧边框的边距，可缩进范围为0~15个字符。应用【分散对齐】格式的单元格当文本内容过长时会自动换行显示。

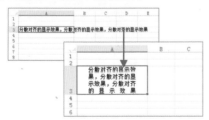

3 垂直对齐

垂直对齐包括靠上、居中、靠下、两端对齐等几种对齐方式。

💡 靠上：又称为"顶端对齐"，单元格内的文字沿单元格顶端对齐。

💡 居中：又称为"垂直居中"，单元格内的文字垂直居中，这是Excel默认的对齐方式。

💡 靠下：又称为"底端对齐"，单元格内的文字靠下端对齐。

💡 两端对齐：单元格内容在垂直方向上两端对齐，并且在垂直距离上平均分布。应用该格式的单元格当文本内容过长时会自动换行显示。

如果用户需要更改单元格内容的垂直对齐方式，除了可以通过【设置单元格格式】对话框中的【对齐】选项卡以外，还可以在【开始】选项卡的【对齐方式】命令组中单击【顶端对齐】按钮、【垂直居中】按钮或【底端对齐】按钮。

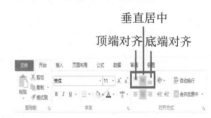

4 文本控制

在设置文本对齐的同时，还可以对文本进行输出控制，包括自动换行、缩小字体填充、合并单元格。

💡 自动换行：当文本内容长度超出单元格宽度时，可以选择【自动换行】复选框使文本内容分为多行显示。此时如果调整单元格宽度，文本内容的换行位置也将随之改变。

💡 缩小字体填充：可以使文本内容自动缩小显示，以适应单元格的宽度大小。此时单元格文本内容的字体并未改变。

5 合并单元格

合并单元格就是将两个或两个以上连续单元格区域合并成占有两个或多个单元

格空间的"超大"单元格。在Excel 2016中，用户可以使用合并后居中、跨越合并、合并单元格这3种方法合并单元格。

用户选择需要合并的单元格区域后，直接单击【开始】选项卡【对齐方式】命令组中的【合并后居中】下拉按钮，在弹出的下拉列表中选择相应的合并单元格的方式。

🔹 合并后居中：将选中的多个单元格进行合并，并将单元格内容设置为水平居中和垂直居中。

🔹 跨越合并：在选中多行多列的单元格区域后，将所选区域的每行进行合并，形成单列多行的单元格区域。

🔹 合并单元格：将所选单元格区域进行合并，并沿用该区域起始单元格的格式。

以上3种合并单元格方式的效果如下图所示。

🔹 知识点滴

如果在选取的连续单元格中包含多个非空单元格，则在进行单元格合并时会弹出警告窗口，提示用户如果继续合并单元格将仅保留最左上角的单元格数据而删除其他数据。

6.8.3 设置字体

单元格字体格式包括字体、字号、颜色、背景图案等。Excel中文版的默认设置为：字体为【宋体】、字号为11号。用户可以按下Ctrl+1键，打开【单元格格式】对话框，选择【字体】选项卡，通过更改相应的设置来调整单元格内容的格式。

【字体】选项卡中各个选项的功能说明如下。

🔹 字体：在该列表框中显示了Windows系统提供的各种字体。

🔹 字形：在该列表中提供了包括常规、倾斜、加粗、加粗倾斜这4种字形。

🔹 字号：字号指的是文字显示大小，用户可以在【字号】列表中选择字号，也可以直接在文本框中输入字号的磅数(范围为1~409)。

🔹 下划线：在该下拉列表中可以为单元格内容设置下划线，默认设置为无。Excel中可设置的下划线类型包括单下划线、双下划线、会计用单下划线、会计用双下划线这4种(会计用下划线比普通下划线离单元格内容更靠下一些，并且会填充整个单元格宽度)。

🔹 颜色：单击该按钮将弹出【颜色】下拉调色板，允许用户为字体设置颜色。

🔹 删除线：在单元格内容上显示横穿内容的直线，表示内容被删除。效果为~~删除内容~~。

上标：将文本内容显示为上标形式，例如K³。

下标：将文本内容显示为下标形式，例如K³。

除了可以对整个单元格的内容设置字体格式外，还可以对同一个单元格内的文本内容设置多种字体格式。用户只要选中单元格文本的某一部分，设置相应的字体格式即可。

6.8.4 设置边框

在Excel中，用户可以使用以下两种途径为表格设置边框。

通过功能区设置边框

在【开始】选项卡的【字体】命令组单击设置边框 田 下拉按钮，在弹出的下拉列表中提供了13种边框设置方案，以及绘制和擦除边框的工具。

2 通过对话框设置边框

用户可以通过【设置单元格格式】对话框中的【边框】选项卡来设置更多的边框效果。

【例6-9】使用Excel 2016为表格设置单斜线和双斜线表头的报表。

🎬视频+素材 (光盘素材\第06章\例6-9)
◀--

01 打开所需的表格，在B2单元格中输入表头标题"月份"和"部门"，通过插入空格调整"月份"、"部门"之间的间距。

02 在B2单元格中添加从左上至右下的对角边框线条。选中B2单元格后，打开【设置单元格格式】对话框，选择【边框】选项卡并单击 按钮。

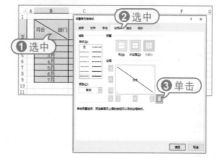

03 在B2单元格中输入表头标题"金额"、"部门"和"月份"，通过插入空格调整"金额"、"部门"之间的间距，在"月份"之前按下Alt+Enter键强制换行。

04 打开【设置单元格格式】对话框，选择【对齐】选项卡，设置B2单元格的水平对齐方式为【靠左(缩进)】，垂直对齐方式为【靠上】。

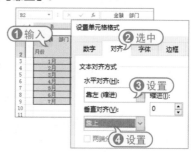

05 重复步骤1至步骤2的操作，在B2单元格中设置单斜线表头。

06 选择【插入】选项卡，在【插图】命令组中单击【形状】拆分按钮，在弹出的菜单中选择【线条】命令，在B2单元格中添加如下图所示的直线。

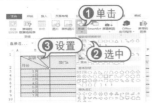

6.8.5 设置填充

用户可以通过【设置单元格格式】对话框中的【填充】选项卡，对单元格的底色进行填充修饰。在【背景色】区域中选择多种填充颜色，或单击【填充效果】按钮，在【填充效果】对话框中设置渐变色。此外，用户还可以在【图案样式】下拉列表中选择单元格图案填充，并可以单击【图案颜色】按钮设置填充图案的颜色。

6.8.6 复制格式

在日常办公中，如果用户需要将现有的单元格格式复制到其他单元格区域中，可以使用以下几种方法。

1 复制粘贴单元格

直接将现有的单元格复制、粘贴到目标单元格，这样在复制单元格格式的同时，单元格内原有的数据也将被复制。

2 仅复制粘贴格式

复制现有的单元格，在【开始】选项卡的【剪贴板】命令组中单击【粘贴】下拉按钮，在弹出的下拉列表中选择【格式】命令 。

3 利用【格式刷】复制单元格格式

用户可以使用【格式刷】工具 快速复制单元格格式，具体方法如下。

01 选中需要复制的单元格区域，在【开始】选项卡的【剪贴板】命令组中单击【格式刷】按钮 。

02 移动光标到目标单元格区域，此时光标变为 图形，单击鼠标将格式复制到目标单元格区域即可。

如果用户需要将现有单元格区域的格式复制到更大的单元格区域，可以在步骤2中在目标单元格左上角单元格位置单击并按住左键，并向下拖动至合适的位置，释放鼠标即可。

如果在【剪贴板】命令组中双击【格式刷】按钮，将进入重复使用模式，在该模式中用户可以将现有单元格中的格式复制到多个单元格，直到再次单击【格式刷】按钮或者按下Esc键结束。

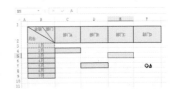

6.8.7 快速格式化数据表

Excel 2016的【套用表格格式】功能提供了几十种表格格式，为用户格式化表格提供了丰富的选择方案。

【例6-10】在Excel 2016中使用【套用表

【格格式】功能快速格式化表格。

🔊 视频+素材 (光盘素材\第06章\例6-10)

01 选中数据表中的任意单元格后，在【开始】选项卡的【样式】命令组中单击【套用表格格式】下拉按钮。

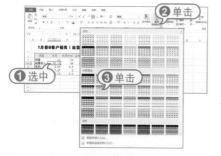

02 在展开的下拉列表中，单击需要的表格格式，打开【套用表格格式】对话框。

03 在【套用表格格式】对话框中确认引用范围，单击【确定】按钮，数据表被创建为【表格】并应用格式。

04 在【设计】选项卡的【工具】命令组中单击【转换为区域】按钮，在打开的对话框中单击【确定】按钮，将表格转换为普通数据，但格式仍被保留。

6.9 设置单元格样式

Excel中的单元格样式是指一组特定单元格格式的组合。使用单元格样式可以快速对应于相同样式的单元格或区域进行格式化。

6.9.1 应用Excel内置样式

Excel 2016内置了一些典型的样式，用户可以直接套用这些样式来快速设置单元格格式。具体操作步骤如下。

01 选中单元格或单元格区域，在【开始】选项卡的【样式】命令组中，单击【单元格样式】下拉按钮。

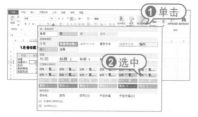

02 将鼠标指针移动至单元格样式列表中

的某一项样式，目标单元格将立即显示应用该样式的效果，单击样式即可应用。

如果用户需要修改Excel中的某个内置样式，可以在该样式上右击，在弹出的菜单中选择【修改】命令，打开【样式】对话框根据需要对相应样式的【数字】、【对齐】、【字体】、【边框】、【填充】、【保护】等单元格格式进行修改。

6.9.2 创建自定义样式

当Excel中的内置样式无法满足表格设计的需求时，用户可以参考下面介绍的方法，自定义单元格样式。

【例6-11】 在工作表中创建自定义样式，要求如下。

🔵 视频+素材 (光盘素材\第06章\例6-11)

🔹 表格标题采用Excel内置的【标题3】样式。

🔹 表格列标题采用字体为【微软雅黑】10号字，垂直方向为水平、垂直两个方向上均为居中。

🔹 当【项目】列数据采用字体为【微软雅黑】10号字，垂直方向为水平、垂直两个方向上均为居中，单元格填充色为绿色。

🔹 【本月】、【本月计划】、【去年同期】和【当年累计】列数据采用字体为Arial Unicode MS 10号字，保留3位小数。

01 打开工作表后，在【开始】选项卡的【样式】命令组中单击【单元格样式】下拉按钮，在打开的下拉列表中选择【新建单元格样式】命令，打开【样式】对话框。

02 在【样式】对话框中的【样式名】文本框中输入样式的名称【列标题】，然后单击【格式】按钮。

03 打开【设置单元格格式】对话框，选择【字体】选项卡，设置字体为【微软雅黑】，字体为10号字；选择【对齐】选项卡，设置【水平对齐】和【垂直对齐】为【居中】，然后单击【确定】按钮。

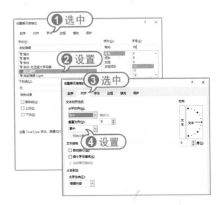

04 返回【样式】对话框，在【包括样式】选项区域中选中【对齐】和【字体】复选框，然后单击【确定】按钮。

05 重复步骤1至步骤4的操作，新建【项目列数据】和【内容数据】的样式。

06 新建自定义后，在样式列表上方将显示【自定义】样式区。

07 分别选中数据表格中的标题、列标题、【项目】列数据和内容数据单元格区域，应用样式分别进行格式化。

6.9.3 合并单元格样式

在Excel中完成【例6-11】的操作创建自定义样式，只能保存在当前工作簿中，不会影响到其他工作簿的样式。如果用户需要在其他工作簿中使用当前新创建的自定义样式，可以参考下面介绍的方法合并单元格样式。

【例6-12】继续【例6-11】的操作，合并创建的自定义单元格样式。
视频+素材 (光盘素材\第06章\例6-12)

01 完成【例6-11】的操作后，新建一个工作簿在【开始】选项卡的【样式】命令组中单击【单元格样式】下拉按钮，在弹出的下拉列表中选择【合并样式】命令。

02 打开【合并样式】对话框中选中包含自定义样式的工作簿【创建自定义样式.xlsx】，然后单击【确定】按钮。

03 完成以上操作后，【创建自定义样式】工作簿中自定义的样式将被复制到新建的工作簿中。

6.10 使用主题

除了使用样式，还可以使用【主题】来格式化工作表。Excel中的主题是一组格式选项的组合，包括主题颜色、主题字体和主题效果等。

Excel中主题的三要素包括颜色、字体和效果。在【页面布局】选项卡的【主题】命令组中，单击【主题】下拉按钮，在展开的下拉列表中，Excel内置了如下图所示的主题供用户选择。

在主题下拉列表中选择一种Excel内置主题后，用户可以分别单击【颜色】、

【字体】和【效果】下拉按钮，修改选中主题的颜色、字体和效果。

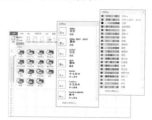

6.10.1 应用文档主题

在Excel 2016中，用户可以参考下面介绍的方法，使用【主题】对工作表中的数据进行快速格式化设置。

【例6-13】对工作表中的数据应用文档主题。

视频+素材 (光盘素材\第06章\例6-13)

01 打开一个工作表，参考【例6-10】的操作将数据源表进行格式化。

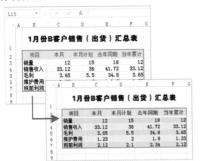

02 在【页面布局】选项卡的【主题】命令组中单击【主题】命令，在展开的主题库中选择【离子会议室】主题。

使用【套用表格格式】方式来格式化数据表，只能设置数据表的颜色，不能改变字体。使用【主题】方式，可以对整个数据表的颜色、字体等进行快速格式化。

6.10.2 自定义和共享主题

在Excel中，用户也可以创建自定义的颜色组合和字体组合，混合搭配不同的颜色、字体和效果组合，并可以保存合并的结果作为新的主题以便在其他的文档中使用(新创建的主题颜色和主题字体仅作用于当前工作簿，不会影响其他工作簿)。

1 新建主题颜色

在Excel中创建自定义主题颜色的方法如下。

01 在【页面布局】选项卡的【主题】命令组中单击【颜色】下拉按钮，在弹出的下拉列表中选择【自定义颜色】命令。

02 打开【新建主题颜色】对话框，根据需要设置合适的主题颜色，然后单击【保存】按钮即可。

2 复制粘贴单元格

在Excel中创建自定义主题字体的方法如下。

01 在【页面布局】选项卡的【主题】命令组中单击【字体】下拉按钮，在弹出的下拉列表中选择【自定义字体】命令。

02 打开【新建主题字体】对话框，根据需要设置合适的主题字体，然后单击【保存】按钮即可。

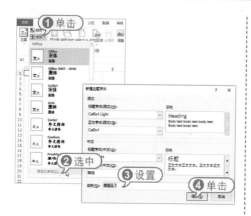

3 保存自定义主题

用户可以通过将自定义的主题保存为主题文件(扩展名为.thmx的文件),将当前主题应用于更多工作簿。具体操作方法如下。

01 在【页面布局】选项卡的【主题】命令组中单击【主题】下拉按钮,在弹出的下拉列表中选择【保存当前主题】命令。

02 打开【保存当前主题】对话框,在【文件名】文本框中输入自定义主题的名称后,单击【保存】按钮即可(保存自定义的主题后,该主题将自动添加到【主题】下拉列表中的【自定义】组中)。

6.11 进阶实战

本章的进阶实战部分将通过实例操作,介绍在Excel的一些常用使用技巧,例如打开受损的Excel文件,在Excel中转换行与列等。

6.11.1 打开受损的Excel文件

【例6-14】当用户打开以前创建的Excel文件时,如果遇到无法打开或打开数据丢失的情况,可以通过将Excel文件转换为SYLK符号链接文件的方法来解决问题。

视频

01 选择【文件】选项卡,在弹出的菜单中选择【另存为】命令,然后在显示的选项区域中单击【浏览】按钮。

02 在打开的【另存为】对话框中单击【保存类型】下拉列表按钮,在弹出的下拉列表中选中【SYLK(符号链接)】选项,然后单击【保存】按钮即可。

03 除此之外,选择【文件】选项卡,在弹出的菜单中选择【打开】命令,在显示的选项区域中单击【浏览】按钮,打开【打开】对话框,然后在该对话框中选中需要恢复的Excel文件,单击【打开】按钮旁边的三角形下拉列表按钮,在弹出的下拉列表中选择【打开并修复】选项,也可以打开受损的Excel文件。

6.11.2 转换工作表中的行与列

【例6-15】在Excel工作表中转换行与列。

▶视频

01 在A1:A6单元格区域中输入如图3-37所示的数据内容。

02 选中A1：A6单元格区域，右击，在弹出的菜单中选择【复制】命令，在C1单元格中右击，在弹出的菜单中选择【选择性粘贴】命令。

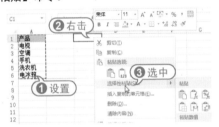

03 打开【选择性粘贴】对话框，选择【转置】复选框，然后单击【确定】按钮。

04 此时，C1:H1单元格区域中的数据将如下图所示。

6.12 疑点解答

● 问：如何快速打印Excel文件？

答：如果要快速地打印Excel表格，最简捷的方法是执行【快速打印】命令。单击Excel窗口左上方【快速访问工具栏】右侧的 下拉按钮，在弹出的下拉列表中选择【快速打印】命令，在【快速访问工具栏】中显示【快速打印】按钮。将鼠标悬停在【快速打印】按钮 上，可以显示当前的打印机名称(通常是系统默认打印机)，单击该按钮即可使用当前打印机进行打印。

第7章

Word 2016文档编排

Word 2016是一款功能强大的文本处理工具。利用该软件可以帮助用户更好地处理日常生活中的信息，例如资料、信函、通知或者个人简历等。本节将主要介绍使用Word编辑与处理文档的方法，帮助用户快速掌握Word软件的使用方法。

对应光盘视频

例7-1 使用模板创建【邀请函】
例7-2 快速移动文档中的段落
例7-3 使用【剪贴板】复制与粘贴
例7-4 应用项目符号和编号
例7-5 为标题样式添加自动编号
例7-6 自定义项目符号和编号

例7-7 使用格式刷复制格式
例7-8 批量提取文档中的图片
例7-9 使用遮罩裁剪图片形状
例7-10 设置自适应文本框文本
例7-11 为Word文档设置背景
本章其他视频文件参见配套光盘

7.1 Word 2016基础操作

　　Word 2016软件功能强大，它既能够制作各种简单的办公商务和个人文档，又能满足专业人员制作用于印刷的版式复杂的文档。熟练掌握Word 2016文档、文本的基础操作，可以大大提高企业办公自动化的效率。

7.1.1 操作文档

　　要使用Word 2016编辑文档，必须先创建文档。本节主要来介绍文档的基本操作，包括创建和保存文档、打开和关闭文档等操作。

1 新建文档

　　在Word 2016中可以创建空白文档，也可以根据现有的内容创建文档。

　　空白文档是最常使用的文档。要创建空白文档，可单击【文件】按钮，在打开的页面中选择【新建】命令，打开【新建】页面单击【空白文档】选项即可。

　　下面通过一个具体实例来介绍如何根据模板创建文档。

【例7-1】在Word 2016中利用网络模板创建一个【邀请函】文档。 ▶视频

01 启动Word 2016，单击【文件】按钮，打开【文件】页面，单击【新建】按钮，打开【新建】页面。

02 在【新建】页面顶部的文本框中输入"邀请函"，然后按下回车键，在打开的页面中单击【婚礼邀请函】模板。

03 打开【婚礼邀请函】对话框，单击【创建】按钮。

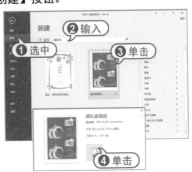

04 此时，Word 2016将通过网络下载模板，并创建如下图所示的文档。

2 保存文档

　　在新建的Word文档中进行操作或正在编辑某个文档时，出现了电脑突然死机、停电等非正常关闭的情况，文档中的信息就会丢失。因此，为了保护劳动成果，做好文档的保存工作是十分重要的。

　　在Word 2016中，保存文档有以下几种情况。

● 保存新建的文档：如果要对新建的文档进行保存，可单击【文件】按钮，在打开的页面中选择【保存】命令，或单击快

速访问工具栏上的【保存】按钮圖，打开
【另存为】页面单击【浏览】选项，在打
开的对话框中设置文档保存路径、名称及
保存格式，然后单击【保存】按钮。

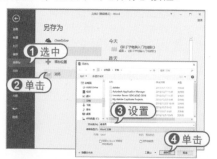

● 保存已保存过的文档：要对已保存过的
文档进行保存，可单击【文件】按钮，在
打开的页面中选择【保存】命令，或单击
快速访问工具栏上的【保存】按钮圖，就
可以按照文档原有的路径、名称以及格式
进行保存。

● 另存为其他文档：如果文档已保存过，
但在进行了一些编辑操作后，需要将其保
存下来，并且希望仍能保存以前的文档，
这时就需要对文档进行另存为操作。要将
当前文档另存为其他文档，可以按下F12键
打开【另存为】对话框，在其中设置文档
的保存路径、名称及保存格式，然后单击
【保存】按钮即可。

3 打开文档

在Word 2016中用户可以参考以下方
法打开文档。

● 对于已经存在的Word文档，只需双击
该文档的图标即可打开该文档。

● 在一个已打开的文档中打开另外一个文
档，可单击【文件】按钮，在打开的页面
中选择【打开】命令，在打开的页面中单
击【浏览】选项，打开【打开】对话框，
在其中选择所需的文件，然后单击【打
开】按钮即可。

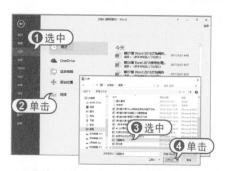

另外，单击【打开】按钮右侧的小
三角按钮，在弹出的下拉菜单中可以选择
文档的打开方式。其中有【以只读方式打
开】、【以副本方式打开】等多种打开
方式。

4 打印文档

文档制作完毕之后，用户可以按下列
步骤操作，将Office文件打印出来。

01 选择【文件】选项卡，在弹出的菜单中
选择【打印】命令(或按下Ctrl+P组合键)，
单击【打印机】下拉按钮，在弹出的菜单中
选择一台与当前电脑连接的打印机，此时在
窗口右侧将显示文档的打印预览。

02 单击选项区域左下方的【页面设置】选项，在打开的对话框中设置文档打印的页边距、纸张、版式、文档网格等参数，然后单击【确定】按钮。

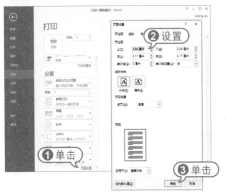

03 完成以上设置后，在【份数】文本框中输入文档的打印份数，然后单击【打印】按钮即可将文档打印。

5 关闭文档

在文档中完成所有的操作，要关闭文档时，可单击【文件】按钮，在打开的页面中选择【关闭】选项，或单击窗口右上角的【关闭】按钮 ×。

关闭文档时，如果没有对文档进行编辑、修改操作，可直接关闭；如果对文档做了修改，但还没有保存，系统将会打开一个提示对话框，询问用户是否保存对文档所做的修改。此时，单击【保存】按钮即可保存并关闭该文档。

7.1.2 操作文本

在编辑与排版Word文档的过程中，经常需要选择文本的内容，对选中的文本内容进行复制或删除操作。本节将详细介绍选择不同类型文本的操作，以及文本的复制、移动、粘贴和删除等操作方法。

1 选择文本

在Word中常常需要选择文本内容或段落内容，常见的情况有：自定义选择所需内容、选择一个词语、选择段落文本、选择全部文本等，下面将分别进行介绍。

🔹 选择需要的文本：打开Word文档后，将光标移动至需要选定文本的前面，按住鼠标左键并拖动，拖至目标位置后释放鼠标即可选定拖动时经过的文本内容。

拖动选择需要的文本

🔹 选择一个词语：在文档中需要选择词语处双击，即可选定该词语，即选定双击位置的词语。

双击选择词语"预定"

🔹 选择一行文本：除了使用拖动方法选择一行文本外，还可以将鼠标光标移动至该行文本的左侧，当光标变成 ⌐ 时单击，选取整行文本。

在一行文本左侧单击

🔹 选择多行文本：按住鼠标左键不放，沿着文本的左侧向下拖动，拖至目标位置后释放鼠标，即可选中拖动时经过的多行文本。

单击后向下拖动

● 选择段落文本：在需要选择段落的任意位置处双击，可以选中整段文本。

● 选择文档中所有文本：如果需要选择文档中所有的文本，可以将鼠标光标移动到文本左侧，当光标变为◢时连续三次单击即可。

除了使用鼠标选取文档中的文本以外，还可以使用下列快捷键快速选取文档中的文本。

● 按下Ctrl+A组合键可以选中文档内所有的内容，包括文档中的文字、表格图形、图像以及某些不可见的Word标记等。

● 按下Shift+Page组合键，从光标处向下选中一个屏幕内的所有内容，按下Shift+PageUp组合键，可以从光标处向上选中一个屏幕内的所有内容。

● 按下Shift+向左方向键可以选中从光标左边第一个字符，按下Shift+向右方向键选中光标右边第一个字符，按下Shift+向上方向键可以选中从光标处至上行同列之间的字符，按下Shift+向下方向键可以选中从光标处至下行同列之间的字符。在上述操作

中，按住Shift键的同时连续按向下方向键可以获得更多的选中区域。

● 按下Ctrl+Shift+向上方向键可以选中光标至段首的范围，按下Ctrl+Shift+向下方向键可以选中光标至段尾的范围。

在选择小范围文本时，可以用按下鼠标左键来拖动，但对大面积文本(包括其他嵌入对象)的选取、跨页选取或选中后需要撤销部分选中范围时，单用鼠标拖动的方法就显得难以控制。此时使用F8键的扩展选择功能就非常必要。使用F8键的方法及效果如下表所示。

F8键操作	结　果
按一下	设置选取的起点
连续按2下	选取一个字或词
连续按3下	选取一个句子
连续按4下	选取一段
连续按5下	选中当前节
连续按6下	选中全文
按下Shift+F8	缩小选中范围

以上各步操作中，也可以再配合鼠标方向键操作来改变选中的范围。如果光标放在段尾回车符前面，只需要连续按3下F8键即可选中一段，依次类推。要退出F8键扩展功能，只需按下Esc键即可。

2 移动文本

在Word 2016中，移动文本的操作步骤如下。

01 选中正文中需要移动的文本，将鼠标光标移至所选文本中，当光标变成▷形状后进行拖动。

02 将文本拖动至目标位置后释放鼠标，即可移动文本位置。

课程材料

- 必备材料：
  8.需要 Windows Phone Insider Preview 10.10.10525 及更新版本内置 Office 2016 Insider
  1.要求 Windows7 SP1、Windows8.1、Windows10 以及 Windows10 Insider Preview。
  2.要求 OS X 10.10.3[Yosemite]（因为需要"照片"应用）、OS X 10.11[El Capitan]以及 OS

- 相关报道：
  微软方演示，将在未来几个月内公布更多有关 Office 2016 的消息。"除了触控体验之外，（
  直以来非常熟悉的 Office 操作体验，非常适合配备鼠标键盘的电脑使用。

【例7-2】快速移动文档中的段落。
视频+素材 (光盘素材\第07章\例7-2)

01 选中需要执行移动操作的段落，将鼠标光标移动到选定段落中，按住鼠标左键不放，这时鼠标指针会变为形状。同时，在选定段落中会出现一个长竖条形的插入点标志"|"。

02 继续按住鼠标左键不放，移动鼠标指针，将插入点标志移动到目标位置后松开鼠标左键，这时原先选定的段落便会移动到标志所在的位置。

3 复制与粘贴

复制与粘贴文本的方法如下。

01 选中需要复制的文本后，按下Ctrl+C组合键复制文本。

02 将鼠标光标定位至目标位置后，按下Ctrl+C组合键粘贴文本。

在粘贴文本时，利用【选择性粘贴】

功能，可以将文本或对象进行多种效果的粘贴，实现粘贴对象在格式和功能上的应用需求，使原本需要后续多个操作步骤实现的粘贴效果瞬间完成。执行【选择性粘贴】的具体操作方法如下。

01 按下Ctrl+C组合键复制文本后，选择【开始】选项卡，在【剪贴板】命令组中单击【粘贴】下拉按钮，在弹出的菜单中选择【选择性粘贴】命令。

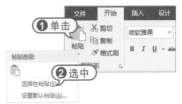

02 打开【选择性粘贴】对话框根据需要选择粘贴的内容，然后单击【确定】按钮即可。

【选择性粘贴】对话框中各选项的功能说明如下。

- **源：** 显示复制内容的源文档位置或引用电子表格单元格地址等，如果显示为"未知"，则表示所复制内容不支持选择性粘贴操作。

- **【粘贴】单选按钮：** 将复制内容以某种"形式"粘贴到目标文档中，粘贴后断开与源程序的联系。

- **【粘贴链接】单选按钮：** 将复制内容以某种"形式"粘贴到目标文档中，同时还建立与源文档的超链接，源文档中关于该内容的修改都会反映到目标文档中。

- **【形式】列表框：** 选择将复制对象以何

种形式插入到当前文档中。

💡 【说明】：当选择一种"形式"时进行有关说明。

💡 【显示为图标】复选框：在【粘贴】为"Microsoft Word文档对象"或选中【粘贴链接】单选按钮时，该复选框才可以选择。在这两种情况下，嵌入到文档中的内容将以其源程序图标形式出现。用户可以单击【更改图标】按钮来更改此图标。

【例7-3】利用【剪贴板】复制与粘贴文档中的内容。

🎬 视频+素材 (光盘素材\第07章\例7-3)

01 选择【开始】选项卡在【剪贴板】命令组中单击 按钮，打开【剪贴板】窗格。

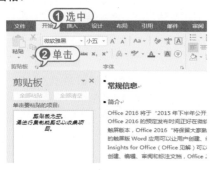

02 选中文档中需要复制的文本、图片或其他内容，按下Ctrl+C组合键将其复制，被复制的内容将显示在【剪贴板】窗格中。

03 重复执行步骤2的操作，【剪贴板】窗格中将显示多次复制的记录。

04 将鼠标指针插入Word文档中合适的位置，双击【剪贴板】窗格中的内容复制记录，即可将相关的内容粘贴至文档中。

4 删除文本

要删除文档中的文本，只需要将文本选中，然后按下Delete键进行删除即可。

7.1.3 插入符号和日期

在Word中可以很方便地插入需要的符号，还可以为常用的符号设置快捷键。在使用的时候，只需要按下自定义的快捷键即可快速插入需要的符号。在制作通知、信函等文档内容时，还可以插入不同格式的日期和时间。本节将介绍插入符号和日期的具体操作方法。

1 插入符号

在编辑文档时，可以按照下列步骤插入符号。

01 将插入点定位在文档中合适的位置，选择【插入】选项卡，在【符号】命令组中单击【符号】下列按钮，在弹出的下拉菜单中选择【其他符号】命令。

02 打开【符号】对话框选择需要的符号后，单击【插入】按钮即可。

03 如果需要为某个符号设置快捷键，可以在【符号】对话框中选中该符号后，单击【快捷键】按钮，打开【自定义键盘】对话框，在【请按新快捷键】文本框中输入快捷键后，单击【指定】按钮，再单击【关闭】按钮。

04 将鼠标指针插入文档中合适的位置，按下步骤3设置的快捷键即可插入符号。

2 插入日期和时间

如果要在文档中插入当前计算机中的系统日期，可以按下列步骤操作。

01 将鼠标指针插入文档中合适的位置，选择【插入】选项卡，在【文本】命令组中单击【日期和时间】按钮，打开【日期和时间】对话框。

02 在【可用格式】列表框中选择所需的格式，然后单击【确定】按钮。

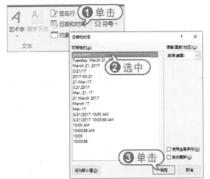

03 此时，即可在文档中插入当前日期，效果如下图所示。

7.1.4 使用项目符号和编号

在制作文档的过程中，对于一些条理性较强的内容，可以为其插入项目符号和编号，使文档的结构更加清晰。

1 添加项目符号和编号

用户可以根据需要快捷地创建Word中的项目符号和编号。Word软件允许在输入的同时自动创建列表编号。

【例7-4】在Word文档中创建项目符号和编号。

视频+素材 (光盘素材\第07章\例7-4)

01 选中段落文本后，在【开始】选项卡的【段落】命令组中单击【项目符号】下拉按钮，在弹出的菜单中选择所需的项目符号，即可为段落添加项目符号。

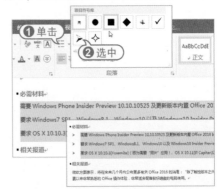

02 在【段落】命令组中单击【编号】下拉按钮，在弹出的菜单中选择需要的编号样式，即可为段落添加编号。

03 选择【文件】选项卡，在弹出的菜单中选择【选项】命令，打开【Word选项】对话框，选择【校对】选项，并单击【自动更正选项】按钮。

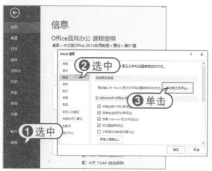

04 打开【自动更正】对话框选择【键入时自动套用格式】选项卡，选中【自动编号列表】复选框，然后单击【确定】按钮。

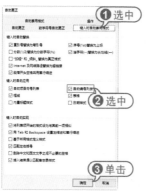

05 此时，在文档中下方的空白处输入带编号的文本或者输入文本后添加项目符号，按下回车键后Word将自动在输入文本的下一行显示自动生成的编号。

06 在自动添加的编号后输入相应的文本，如果用户还需要插入一个新的编号，则将插入点定位在需要插入新编号的位置处，按下回车键软件将根据插入点的位置创建一个新的编号。

【例7-5】为标题样式添加自动编号。
🎬 视频+素材 (光盘素材\第07章\例7-5)

01 当用户将各级标题文本设置成相应的标题样式后，可以添加自动编号以提高编排效果。选择【开始】选项卡，在【样式】命令组中单击 按钮，打开【样式】任务窗格。

02 在【样式】窗格中单击要设置编号的标题右侧的下拉按钮，在弹出的菜单中选择【修改】命令打开【修改样式】对话框。

03 在【修改样式】对话框中单击【格式】下拉按钮，在弹出的菜单中选择【编号】命令，打开【编号和项目符号】对话框，选择一种编号样式，单击【确定】按钮。

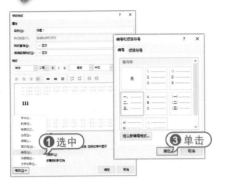

04 返回【修改样式】对话框，单击【确定】按钮即可为选中的标题添加编号。

2 自定义项目符号和编号

在使用项目符号和编号功能时，除了可以使用系统自带的项目符号和编号样式以外，还可以对项目符号和编号进行自定义设置，具体如下。

【例7-6】在Word中自定义项目符号和编号。

🎬视频+素材·(光盘素材\第07章\例7-6)

---

01 选中段落中的文本，在【开始】选项卡的【段落】命令组中单击【项目符号】下拉按钮，在弹出的菜单中选择【定义新项目符号】命令。

02 打开【定义新项目符号】对话框，单击【图片】按钮。

03 打开【插入图片】对话框，单击【来自文件】选项后的【浏览】按钮，在打开的对话框中选择一个作为项目符号的图片，然后单击【插入】按钮。

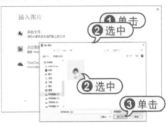

04 返回【定义新项目符号】对话框，单击【确定】按钮。此时，在【段落】命令组中单击【项目符号】下拉按钮，在弹出的菜单中将显示自定义的项目符号。

05 在【段落】命令组中单击【编号】下拉按钮，在弹出的菜单中选择【定义新编号格式】命令，打开【定义新编号格式】对话框，在该对话框的【编号样式】下拉列表框中选择需要的样式，在【编号格式】文本框中设置编号格式，单击【确定】按钮。

06 在【段落】命令组中单击【编号】按钮，在弹出的菜单中即可查看定义编号样式。

7.2 设置文档的格式

在制作Word 2016文档的过程中，为了实现美观的效果，通常需要设置文字和段落的格式。

7.2.1 设置字符格式

用户可以通过对字体、字号、字形、字符间距和文字效果等内容的设置来美化文档效果，使文档清晰、美观。下面将介绍设置字符格式的操作步骤。

01 选中文档中的文本后，右击，在弹出的菜单中选择【字体】命令。

02 打开【字体】对话框单击【中文字体】下拉按钮，在弹出的菜单中选择文本的字体格式，在【字号】列表框中设置文本字号，在【字形】列表框中设置文本字形。

03 选择【高级】选项卡，单击【间距】下拉按钮，在弹出的菜单中设置字体间距为【加宽】，并在【磅值】文本框中输入间距值为"1.5"。

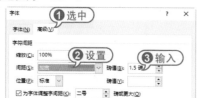

04 单击【确定】按钮后，文档中选中文

本的效果如下图所示。

> **课程材料**
> Office 2016 将于 "2015 年下半年公开发布"，[1] Off
> Office 2016 的预定发布时间正好在微软计划之内，微软
> 触屏版本，Office 2016 "将保留大家熟悉的全面的 Offic
> 的触屏版 Word 应用可以让用户创建、编辑、审阅和标注
> Insights for Office（Office 见解）可以让用户检索图片
> 创建、编辑、审阅和标注文档，Office 2016 于 2015 年

7.2.2 设置段落格式

对于文档中的段落文本内容，可以设置其段落格式。行距决定段落中各行文字之间的垂直距离，段落间距决定段落上方和下方的空间。下面将介绍设置段落格式的具体操作。

01 将鼠标点定位于文档第1行文本中，或者选中第1行文本，在【开始】选项卡的【段落】命令组中单击【居中】按钮。

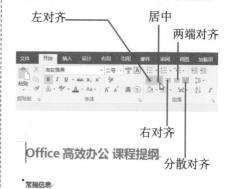

02 此时，第1行文本的对齐方式变为【居中对齐】方式。Word软件中的文本对齐方式还有左对齐、右对齐、两端对齐、分散对齐。

03 选中文档中需要设置段落格式的文本，右击鼠标，在弹出的菜单中选择【段落】命令，打开【段落】对话框。

04 打开【段落】对话框，在【缩进和间距】选项卡中设置【左侧】和【右侧】的值为"2字符"，单击【特殊格式】下拉按钮，在弹出的菜单中选择【首行缩进】选项，并设置其值为"2字符"。

05 单击【行距】下拉按钮，在弹出的菜单中选择【1.5倍行距】选项，将【段前】和【段后】的值设置为"1行"和"0行"，然后单击【确定】按钮。

06 此时，被选中段落的文本格式效果如下图所示。

【**例7-7**】使用【格式刷】将指定文本、段落或图形的格式复制到目标文本、段落或图形上。 ▶视频▶

01 选中文档中需要复制格式的文本，在【开始】选项卡的【剪贴板】命令组中单击【格式刷】按钮 。

02 当鼠标指针变为 形状时，拖动鼠标选中目标文本即可。

03 将鼠标光标放置在某个需要复制格式的段落内，单击【格式刷】按钮。

04 当鼠标指针变为 形状时，拖动鼠标选中整个目标区域段落即可将格式复制到目标段落。

05 选中文档中需要复制格式的图形，单击【格式刷】按钮。

06 当鼠标指针变为 形状时，单击目标图形即可将图形格式复制到目标图形上。

7.3 使用样式格式化文档

样式包括字体、字号、字体颜色、行距、缩进等。运用样式可以快速改变文档中选定文本的格式设置，从而方便用户进行排版工作，大大提高工作效率。本节将介绍套用内建样式格式化文档以及修改和自定义样式的方法。

7.3.1 使用内置样式格式化文档

Word为用户提供了多种内建的样式，如"标题1"、"标题2"等。在格式化文档时，可以直接使用这些内建样式对文档进行格式设置。下面将介绍套用内建样式格式化文档的具体操作。

01 将鼠标指针插入标题文本中，在【开始】选项卡的【样式】命令组中单击【标题1】选项。

02 此时，可以为文档应用【标题1】样式，效果如下图所示。

Office 高效办公 课程提纲

常规信息

• 简介

Office 2016 是微软的一个庞大的办公软件集合，其中包括了 Word、Project、Visio 以及 Publisher 等组件和服务。Office 2016 For Mac 订阅升级版于 2015 年 8 月 30 日发布，Office 2016 For Windows：

03 选中文档正文的某段中，在【样式】命令组中单击【标题2】选项。

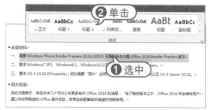

04 此时，被选中段落将应用【标题2】样式，效果如下图所示。

7.3.2 修改和自定义样式

用户不仅可以套用软件内建的样式，还可以对Word内建的样式进行修改或自定义新的样式，以方便格式化文档。下面将介绍修改和自定义样式的方法。

01 将鼠标指针插入需要应用样式的段落中，在【开始】选项卡的【样式】命令组中单击对话框启动器按钮，打开【样式】窗格。

02 在【样式】窗格中右击需要修改的内建样式，在弹出的菜单中选择【修改】命令，打开【修改样式】对话框，将【字号】设置为【五号】，将【字体颜色】设置为【红色】。

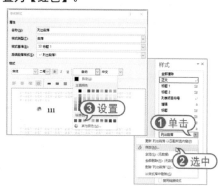

03 单击【确定】按钮后，文档中应用了所设置样式的段落文本将如下图所示。

落"，将【格式】设置为【微软雅黑】，将【字体颜色】设置为【自动】。

06 单击【确定】按钮，文档中段落已经应用了新建的样式。

Office 高效办公 课程提纲

* 常规信息

* 简介：

Office 2016 是微软的一个庞大的办公软件集合，其中包括了 Word、Excel、PowerPoint、OneNote、Outlook、Skype、Project、Visio 以及 Publisher 等组件和服务。Office 2016 For Mac 于 2015 年 3 月 18 日发布，Office 2016 For Office 365 订阅升级版于 2015 年 8 月 30 日发布，Office 2016 For Windows 零售版、For IOS 版均于 2015 年 9 月 22 日正式发布。

04 将鼠标指针插入需要应用新样式的段落中，在【样式】窗格中单击【新建样式】按钮 ，打开【根据格式设置创建新样式】对话框。

05 在【名称】文本框中输入"正文段

7.4 在文档中使用图片

图片是日常文档中的重要元素。在制作文档时，常常需要插入相应的图片文件来具体说明一些相关的内容信息。在Word 2016中，用户可以在文档中插入电脑中保存的图片，也可以插入屏幕截图。

7.4.1 插入文件中的图片

用户可以直接将保存在计算机中的图片插入Word文档中，也可以利用扫描仪或者其他图形软件插入图片到Word文档中。下面介绍插入电脑中保存的图片的方法。

01 将鼠标指针插入文档中合适的位置后，选择【插入】选项卡，在【插入】命令组中单击【图片】按钮，打开【插入图片】对话框。

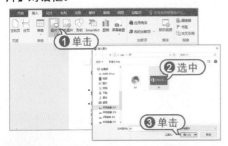

02 此时，将在文档中插入一个图片。

Office 高效办公 课程提纲

* 常规信息

* 简介：

Office 2016 是微软的一个庞大的办公软件集合，其中包括了 Word、Excel、PowerPoint、OneNote、Outlook、Skype、Project、Visio 以及 Publisher 等组件和服务。Office 2016 For Mac 于 2015 年 3 月 18 日发布，Office 2016 For Office 365 订阅升级版于 2015 年 8 月 30 日发布，For IOS 版均于 2015 年 9 月 22 日正式

7.4.2 使用【屏幕截图】功能

用户如果需要在Word文档中使用当前页面中的某个图片或者图片的一部分，则可以利用Word 2016的【屏幕截图】功能来实现。下面将介绍插入屏幕视图以及自定义屏幕截图的方法。

1 插入屏幕截图

屏幕视图指的是当前打开的窗口。用户可以快速捕捉打开的窗口并插入到文档中。具体方法如下。

01 选择屏幕窗口，在【插入】选项卡的【插图】命令组中单击【屏幕截图】下拉按钮，在展开的库中选择当前打开的窗口缩略图。

02 此时，将在文档中插入如下图所示的窗口屏幕截图。

2 编辑屏幕截图

如果用户正在浏览某个页面，则可以将页面中的部分内容以图片的形式插入Word文档中。此时需要使用自定义屏幕截图功能来截取所需图片。

01 在【插入】选项卡的【插入】命令组中单击【屏幕截图】下拉按钮，在展开的库中选择【屏幕剪辑】选项，然后在需要截取图片的开始位置按住鼠标左键拖动，拖至合适位置处释放鼠标。

02 此时，即可在文档中插入如下图所示的屏幕截图。

【例7-8】批量提取Word文档中插入的图片。

🎬 视频+素材 (光盘素材\第07章\例7-8)

01 打开需要提取图片的文档，选择【文件】选项卡，在弹出的菜单中选择【另存为】命令，打开【另存为】对话框，并在地址栏中选择要另存的位置，在【文件名】文本框中输入名称，例如"文档图片"，将【保存类型】设置为【网页】。

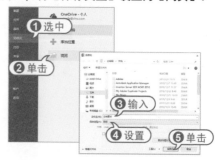

02 单击【确定】按钮将文档保存后，在保存位置会出现【文档图片.htm】文件和【文档图片.files】文件夹，双击打开【文档图片.files】文件夹，这时可以发现文档内的所有图片都存储在该文件夹中。

7.4.3 ◀ 编辑文档中的图片

在文档中插入图片后，经常还需要进行设置才能达到用户的需求，比如调整图片的大小、位置以及图片的文字环绕方式和图片样式等。本节将介绍编辑图片的具体操作步骤。

1 调整图片的大小和位置

下面将介绍调整图片大小和位置的方法。

01 选中文档中插入的图片，将指针移动至图片右下角的控制柄上，当指针变成双向箭头形状时按住鼠标左键拖动。

02 当图片大小变化为合适的大小后，释放鼠标即可更改图片大小。

03 选中文档中的图片，将鼠标指针放置在图片上方，当指针变为十字箭头时按住鼠标左键拖动。

04 将图片拖动至合适的位置后释放鼠标。此时可以看到图片的位置发生了变化。

2 裁剪图片

如果只需要插入图片中的某一部分，可以对图片进行裁剪，将不需要的图片部分裁掉。具体操作步骤如下。

01 选择文档中需要裁剪的图片，在【格式】选项卡的【大小】命令组中单击【裁剪】下拉按钮，在弹出的菜单中选择【裁剪】命令。

02 调整图片边缘出现的裁剪控制手柄，拖动需要裁剪边缘的手柄。

03 按下回车键，即可裁剪图片，并显示裁剪后的图片效果。

【例7-9】利用遮罩将Word文档中插入的图片裁剪成需要的形状。

📀 视频+素材 (光盘素材\第07章\例7-9)

01 单击需要裁剪的图片，选择【格式】选项卡，在【大小】命令组中单击【裁剪】下拉按钮，在弹出的菜单中选择【裁剪为形状】命令。

02 在弹出的子菜单中选择一种形状，即可将图片剪裁成如下图所示的样式。

3 设置图片与文本的位置关系

在默认情况下，在文档中插入图片是以嵌入的方式显示的。用户可以通过设置环绕文字来改变图片与文本的位置关系。具体如下。

01 选中文档中的图片，在【格式】选项卡的【排列】命令组中单击【环绕文字】下拉按钮，在弹出的菜单中选择【浮于文字上方】选项，可以设置图片浮于文字上方。之后，将图片拖动至文档任意位置处。

02 单击【环绕文字】下拉按钮，在弹出的菜单中还可以选择其他位置关系。例如选择【四周型】命令，图片在文档中的效果如下图所示。

4 应用图片样式

Word 2016提供了图片样式，用户可以选择图片样式快速对图片进行设置，操作步骤如下。

01 选择图片，在【格式】选项卡的【图片样式】命令组中单击【其他】按钮，在弹出的下拉列表中选择一种图片样式。

02 此时，图片将应用设置的图片样式，效果如下图所示。

知识点滴

选中文档中的图片。选择【格式】选项卡，在【调整】命令组中单击【重设图片】下拉按钮，在弹出的菜单中选择【重设图片和大小】命令，可以快速恢复图片的原始状态。

7.4.4 调整图片的效果

在Word 2016中，用户可以快速地设置文档中图片的效果，例如删除图片背景、更正图片亮度和对比度、重新设置图片颜色等。

1 删除图片背景

如果不要图片的背景部分，可以使用Word 2016删除图片的背景，具体操作步骤如下。

01 选中文档中插入的图片，在【格式】选项卡的【调整】命令组中单击【删除背景】按钮。

02 在图片中显示保留区域控制柄，拖动手柄调整需要保留的区域。

03 在【优化】命令组中单击【标记要保留的区域】按钮，在图片中单击标记保留区域。

04 按下回车键，可以显示删除背景后的图片效果。

2 更正图片亮度和对比度

Word 2016为用户提供了设置亮度和对比度功能。用户可以通过预览到的图片效果来进行选择，快速得到所需的图片效果。具体操作如下。

01 选中文档中的图片后，在【格式】选项卡的【调整】命令组中单击【更正】下拉按钮，在弹出的菜单中选择需要的效果。

02 此时，图片将发生相应的变化，其亮度和对比度效果如下图所示。

3 重新设置图片颜色

如果用户对图片的颜色不满意，可以对图片颜色进行调整。在Word 2016中，可以快速得到不同的图片颜色效果。具体操作步骤如下。

01 选择文档中的图片，在【格式】选项卡的【调整】命令组中单击【颜色】下拉按钮，在展开的库中选择需要的图片颜色。

02 此时，文档中图片的颜色已经发生了更改。

4 为图片应用艺术效果

Word 2016提供多种图片艺术效果。用户可以直接选择所需的艺术效果对图片进行调整。具体操作步骤如下。

01 选中文档中的图片，在【格式】选项卡的【调整】命令组中单击【艺术效果】下拉按钮，在展开的库中选择一种艺术字效果，例如"线条图"。

理效果。

02 此时，在文档中将显示图片的艺术处

7.5 艺术字与文本框的应用

在Word文档中灵活地应用艺术字和文本框功能，可以为文档添加生动且具有特殊视觉效果的文字。由于在文档中插入艺术字会被作为图形对象处理，因此在添加艺术字时，需要对艺术字样式、位置、大小进行设置。

7.5.1 在文档中插入艺术字

插入艺术字的方法有两种：一种是先输入文本，再将输入的文本应用为艺术字样式；另一种是先选择艺术字的样式，然后在Word软件提供的文本占位符中输入需要的艺术字文本。下面将介绍插入艺术字的具体操作。

01 在【插入】选项卡的【文本】工作组中单击【艺术字】下拉按钮，在展开的库中选择需要的艺术字样式。

02 此时，将在文档中插入一个所选的艺术字样式，在其中显示"请在此放置您的文字"。

03 删除艺术字样式中显示的文本，输入需要的艺术字内容即可。

7.5.2 编辑文档中的艺术字

艺术字是作为图形对象放置在文档中

的，用户可以将其作为图形来处理，例如更改位置、大小以及样式等。

01 选中文档中插入的艺术字，选择【格式】选项卡，在【排列】命令组中单击【文字环绕】下拉按钮，在弹出的菜单中选择【嵌入型】命令。

02 此时，可以看到艺术字以嵌入的方式显示在文档中。将鼠标指针插入艺术字所在的文本框，然后在【段落】命令组中单击【居中】按钮，使艺术字所在的段落以居中方式显示。

03 选择艺术字并选择【格式】选项卡，在【艺术字样式】命令组中单击□按钮，打开【设置形状格式】窗格。

04 在【设置形状格式】窗格中展开【发光】选项区域，单击□·按钮，在展开的库中选择一种发光效果。

05 展开【三维格式】选项区域，单击【顶部棱台】下拉按钮，在展开的库中选择一种三维效果。

06 展开【映像】选项区域单击【映像】按钮，在展开的库中选择一种映像效果。

07 完成以上设置后，文档中艺术字的编辑效果如下图所示。

7.5.3 在文档中应用文本框

在编辑一些特殊版面的文稿时，常常需要用Word中的文本框将一些文本内容显示在特定的位置。常见的文本框有横排文本框和竖排文本框。下面将分别介绍其使用方法。

1 横排文本框的应用

横排文本是用于输入横排方向文本的图形。在特殊情况下，用户无法在目标位置处直接输入需要的内容，此时就可以使用文本框进行插入。

01 选择【插入】选项卡，在【文本】命令组中单击【文本框】下拉按钮，在展开的库中选择【绘制文本框】选项。

02 此时鼠标指针将变为十字形状。在文档中的目标位置处按住鼠标左键不放并拖动，拖至目标位置处释放鼠标。

03 释放鼠标后即绘制出文本框，默认情况下为白色背景。在其中输入需要的文本框内容即可。

04 选中文本框，选择【开始】选项卡，在【字体】命令组中设置字体格式为【微软雅黑】，字号为【六号】，字体颜色为【白色】。

05 选择【格式】选项卡，在【形状样式】命令组中单击【形状轮廓】下拉按钮，在弹出的列表中选择【无轮廓】选项，单击【形状填充】下拉按钮，在弹出的列表中选择【无填充颜色】选项，设置文本框效果如下图所示。

【例7-10】设置让文本框中的文字大小随文本框大小变化。 📹视频

01 在文档中插入一个文本框后，在文本框中输入文字并选中文本框。

02 按下Ctrl+X组合键剪切文本框，然后按下Ctrl+Alt+V组合键打开【选择性粘贴】对话框，选中【图片(增强型图元文件)】选项，并单击【确定】按钮，将文本框选择性粘贴为图片。

03 此时，向外拖动文本框四周的控制

点，就会发现文字也随着变大了。

2 竖排文本框的应用

用户除了可以在文档中插入横排文本框以外，还可以根据需要使用竖排样式的文本框以实现特殊的版式效果。具体如下。

01 选择【插入】选项卡，单击【文本】命令组中的【文本框】下拉按钮，在展开的库中选择【绘制竖排文本框】选项。

02 在文档中的目标位置处按住鼠标左键不放并拖动，拖至目标位置处释放鼠标。此时，绘制出了一个竖排文本框。

03 在竖排文本框中输入文本内容，可以看到输入的文字以竖排形式显示。

04 此时，可以看到竖排文本框内的文字方向已经发生了改变。

05 此时，可以看到文本框内的竖排方向已经发生了改变。

Word 2016提供了44种内置文本框，例如简单文本框、边线型提要栏和大括号型引述等。通过插入这些内置文本框，可快速制作出优秀的文档。

7.6 在文档中使用表格

为了更形象地说明问题，常常需要在文档中制作各种各样的表格。Word 2016提供了强大的表格功能，可以快速创建与编辑表格。

7.6.1 制作与绘制表格

表格由行和列组成，用户可以直接在Word文档中插入指定行列数的表格，也可以通过手动的方法绘制完整的表格或表格中的某些部分。另外，如果需要对表格中的数据进行较复杂的运算还可以引入Excel表格。

1 快速制作10X8表格

当用户需要在Word文档中插入列数和行数在10×8(10为列数，8为行数)范围内的表格，如8×8时，可以按下列步骤操作。

01 选择【插入】选项卡，单击【表格】命令组中的【表格】下列按钮，在弹出的菜单中移动鼠标让列表中的表格处于选中状态。

02 此时，列表上方将显示出相应的表格列数和行数，同时在Word文档中将显示出相应的表格。

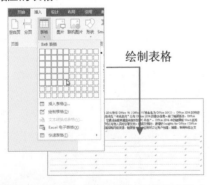

绘制表格

03 单击即可在文档中插入所需的表格。

2 制作超大表格

当用户需要在文档中插入的表格列数超过10行或行数超过8的表格，如10×12的表格时，可以按下列步骤操作。

01 选择【插入】选项卡，单击【表格】命令组中的【表格】下列按钮，在弹出的菜单中选择【插入表格】命令。

02 打开【插入表格】对话框，在【列数】文本框中输入10，在【行数】文本框中输入12，然后单击【确定】按钮。

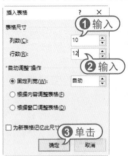

03 此时，将在文档中插入如下图所示的10×12的表格。

3 将文本转化为表格

在Word中，用户也可以参考下列操作，将输入的文本转换为表格。

01 选中文档中需要转换为表格的文本，选择【插入】选项卡，单击【表格】命令组中的【表格】按钮，在弹出的菜单中选择【文本转换成表格】命令，打开【将文字转换成表格】对话框，根据文本的特点设置合适的选项参数，单击【确定】按钮。

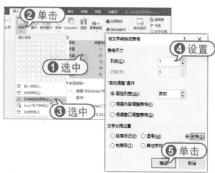

02 此时，将在文档中插入一个如下图所示的表格。

4 使用【键入时自动应用】功能

如果用户仅仅需要插入例如1行2列这样简单的表格，可以在一个空白段落中输入"+---------+---------+"，再按下回车键，Word将会自动将输入的文本更正为一个1行2列的表格。

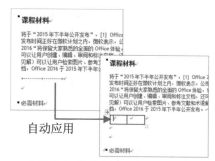

自动应用

如果用户按照上面介绍的方法不能得到表格，是因为用户使用Word表格的【自动套用格式】已经关闭，打开方法如下。

01 选择【文件】选项卡，在弹出的菜单中选择【选项】命令，打开【Word选项】对话框，选中【校对】选项卡，单击【自动更正选项】按钮。

02 打开【自动更正】对话框，选择【键入时自动套用格式】选项卡，选中【键入时自动应用】选项区域中的【表格】复选框，然后单击【确定】按钮。

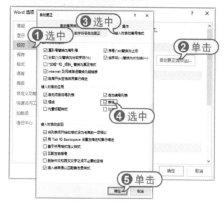

5 手动绘制特殊表格

对于一些特殊的表格，例如带斜线表头的表格或行列结构复杂的表格，用户可以通过手动绘制的方法来创建。具体方法如下。

01 在文档中插入一个3×3的表格，选择【插入】选项卡，单击【表格】命令组中的【表格】按钮，在弹出的菜单中选择【绘制表格】命令。

02 此时，鼠标指针将变成笔状，用户可以在表格中绘制边框。

6 引入Excel表格

用户可以参考下面介绍的方法，在Word软件中使用Excel软件制作表格。

01 选择【插入】选项卡，在【表格】命令组中单击【表格】下拉按钮，在弹出的菜单中选择【Excel电子表格】命令，即可在Word界面中插入一个Excel界面。

02 此时，用户可以使用Excel软件界面中的功能，在Word中创建表格。

7.6.2 编辑文档中的表格

在Word 2016中制作表格时，用户可以快速选取表格的全部，或者表格中的某些行、列、单元格，然后对其进行设置，同时还可以根据需要拆分、合并指定的单元格，编辑单元格的行宽、列高等参数。

1 快速选取行、列及整个表格

在Word中选取整个表格的常用方法有以下几种。

🔹 使用鼠标拖动选择：当表格较小时，先选择表格中的一个单元格，按住鼠标左键拖动至表格的最后一个单元格即可。

🔹 单击表格控制柄选择：在表格任意位置单击，然后单击表格左上角显示的控制柄选取整个表格。

控制柄

🔹 在Numlock键关闭的状态下，按下Alt+5(5是小键盘上的5键)。

🔹 将鼠标光标定位于表格中，选择【布局】选项卡，在【表】命令组中单击【选择】下列按钮，在弹出的菜单中选中【选择表格】命令。

将鼠标指针悬停在某个单元格左侧，当鼠标指针变为➹形状时单击，即可选中该单元格。

选取表格整行的方法有下列两种。

🔹 将鼠标指针放置在页面左侧(左页边距区)，当指针变为⬈形状后单击。

课程安排

单击

将鼠标指针放置在一行的第一个单元格中，然后拖动鼠标至该列的最后一个单元格即可。

选取表格整列的方法有下列两种。

将鼠标指针放置在表格最上方的表格上边框，当指针变为 ↓ 形状后单击。

将鼠标指针放置一列第一个单元格，然后拖动鼠标至该列的最后一个单元格即可。

知识点滴

如果用户需要同时选取连续的多行或者多列，可以在选中一列或一行时，按住鼠标左键拖动选中相邻的行或列，如果用户需要选取不连续的多行或多列，可以按住Ctrl键执行选取操作。

2 设置表格根据内容自动调整

在文档中编辑表格时，如果想要表格根据输入内容的多少自动调整大小，让行高和列宽刚好容纳单元格中的字符，可以参考下列方法操作。

01 选取整个表格，右击鼠标，在弹出的菜单中选择【自动调整】|【根据内容自动调整表格】命令。

02 此时，表格将根据其中的内容自动调整大小。

3 精确设定列宽与行高

在文档中编辑表格时，对于某些单元格，可能需要精确设置它们的列宽和行高。相关的设置方法如下。

01 选择需要设置列宽与行高的表格区域，在【布局】选项卡的【单元格大小】命令组中的【高度】和【宽度】文本框中输入行高和列宽精度。

02 完成设置后，表格的行高和列宽效果将如下图所示。

课程安排

周	主题	阅读	练习

4 固定表格的列宽

在文档设置好表格的列宽后，为了避免列宽发生变化，影响文档版面的美观，可以通过设置固定表格列宽，使其一直保持不变。

01 右击需要设置的表格，在弹出的菜单中选择【自动调整】|【固定列宽】命令。

02 此时，在固定列宽的单元格中输入文本，单元格宽度不会发生变化。

5 单独改变表格单元格列宽

有时用户需要单独对某个或几个单元格列宽进行局部调整而不影响整个表格，操作方法如下。

01 将鼠标指针移动至目标单元格的左侧框线附近，当指针变为 ➚ 形状时单击选中单元格。

02 将鼠标指针移动至目标单元格右侧的框线上，当鼠标指针变为十字形状时按住鼠标左键不放，左右拖动即可。

6 合并与拆分单元格

在文档中编辑表格时，有时需要将几个相邻的单元格合并为一个单元格，以表达不同的总分关系。此时，可以参考下面介绍的方法合并表格中的单元格。

01 选中需要合并的多个单元格(连续)，右击鼠标，在弹出的菜单中选择【合并单元格】命令。

02 此时，被选中的单元格将合并。

在Word中编辑表格时，如果需要将某个单元格拆分成多个单元格，可以参考以下方法。

01 选取需要拆分的单元格，右击鼠标，在弹出的菜单中选择【拆分单元格】命令，打开【拆分单元格】对话框。

02 在【拆分单元格】对话框中设置具体的拆分行数和列数后，单击【确定】按钮，即可将选取的单元格拆分。

7 快速平均列宽与行高

在文档中编辑表格时，出于美观考虑，在单元格大小足够输入字符的情况下，可以平均表格各行的高度，让所有行的高度一致，或者平均表格各列的宽度，让所有列的宽度一致。

01 选取需要设置的表格，右击鼠标，在弹出的菜单中选择【平均分布各行】命令。

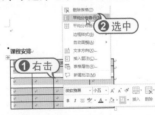

02 再次右击鼠标，在弹出的菜单中选择【平均分布各列】命令。

03 此时，表格中各行、列的宽度和高度将被平均分布。

课程安排

课程安排	课程主题	阅读时间	上机练习

8 在表格中增加与删除行或列

在Word中，要在表格中增加一行空行，可以使用以下几种方法。

◆ 将鼠标指针移动至表格右侧边缘，当显示"+"符号后，单击该符号。

课程安排

课程安排	课程主题	阅读时间	上机练习

◆ 将鼠标指针插入表格中的任意单元格中，右击鼠标，在弹出的菜单中选择【在上方插入行】或【在下方插入行】命令。

◆ 选择【布局】选项卡，在【行和列】命令组中单击【在上方插入】按钮或【在下方插入】按钮。

要在表格中增加一列空列，可以参考以下几种方法。

◆ 将鼠标指针移动至表格上方两列框线之间，当显示"+"符号后，单击该符号。

◆ 将鼠标指针插入表格中的任意单元格中，右击鼠标，在弹出的菜单中选择【在左侧插入列】或【在右侧插入列】命令。

◆ 选择【布局】选项卡，在【行和列】命令组中单击【在左侧插入】按钮或【在右侧插入】按钮。

若用户需要删除表格中的行或列，可以参考下列几种方法。

◆ 将鼠标指针插入表格单元格中，右击鼠标，在弹出的菜单中选择【删除单元格】命令，打开【删除单元格】对话框，选择【删除整行】单选按钮，可以删除所选单元格所在的行，选择【删除整列】单选按钮，可以删除所选单元格所在的列。

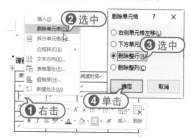

◆ 将鼠标指针插入表格单元格中，选择【布局】选项卡，在【行和列】命令组中单击【删除】下拉按钮，在弹出的菜单中选择【删除行】或【删除列】命令。

9 设置跨页表格自动重复标题行

对于包含有较多行的表格，可能会跨页显示在文档的多个页面上，而在默认情况下，表格的标题并不会在每页的表格上面都自动显示，这就为表格的编辑和阅读带来了一定阻碍，让用户难以辨认每一页表格中各列存储内容的性质。为了避免这种情况，对于跨页显示的表格，在编辑时可以通过以下设置，让表格在每一页自动重复标题行。

01 将鼠标光标定位在表格第1行中的任意单元格中，右击鼠标，在弹出的菜单中选择【表格属性】命令，打开【表格属性】对话框。

02 在【表格属性】对话框中选择【行】选项卡，选中【在各页顶端以标题形式重复出现】复选框，然后单击【确定】按钮。

03 此时，当表格行列超过一页，文档将在下一页中自动添加表格标题。

10　设置上下、左右拆分表格

如果要上下拆分一个表格，有以下3种方法。

▶ 将鼠标光标放置在需要成为第二个表格首行的行内，按下Ctrl+Shift+Enter组合键即可。

▶ 将鼠标光标放在需要成为第二个表格首行的行内，选择【布局】选项卡，在【合并】命令组中单击【拆分表格】按钮。

▶ 选中要成为第二个表格的所有行，按下Ctrl+V组合键剪切，然后按下Enter键在第

一个表格后增加一空白段落，再按下Ctrl+V组合键粘贴。

如果要左右拆分表格，可以按下列步骤操作。

01 在文档中插入一个至少有2列的表格，并在其下方输入两个回车符。

02 选中要拆分表格的右半部分表格，将其拖动至步骤1输入的两个回车符前面。

03 选中并右击未被移动的表格，在弹出的菜单中选择【表格属性】命令，打开【表格属性】对话框，选中【环绕】选项，然后单击【确定】按钮。

04 将生成的第2个表格拖动到第1个表格的右边，这时第2个表格会自动改变为环绕类型。

课程安排

课程安排	课程主题	阅读时间	上机练习

11 整体缩放表格

要想一个表格在放大或者缩小时保持纵横比例，可以按住Shift键不放，然后拖动表格右下角的控制柄拖动即可。如果同时按住Shift+Alt键拖动表格右下角的控制柄，则可以实现表格锁定纵横比例的精细缩放。

课程安排

课程安排	课程主题	阅读时间	上机练习

12 删除表格

删除文档中表格的方法并不是使用Delete键。选中表格后按下Delete键只会清除表格中的内容。正确的删除表格方法有以下几种。

🔹 选中表格，按下BackSpace键。

🔹 选中表格，然后按下Shift+Delete组合键。

🔹 选择【布局】选项卡，在【行和列】命令组中单击【删除】按钮，在弹出的菜单中选择【删除表格】命令。

7.6.3 转换Word表格

对于Word文档中的表格，可以将它们转换成井然有序的文本，以便于引用到其他文本编辑器。另外，对于行列分布有规律的Word表格，还可以将其转换为Excel表格。

1 表格转换为文本

有时需要将包含表格的文本内容复制到其他文本编辑器中，而该编辑器却不支持表格功能，为了避免复制后表格中的数据出现错误，可以先在Word中将表格转换为文本，然后再进行复制操作。具体如下。

01 选中需要转换的表格，选择【布局】选项卡，在【数据】命令组中单击【转换为文本】按钮。

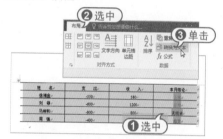

02 打开【表格转换为文本】对话框，选择一种文字分隔符(例如【制表符】)，然后单击【确定】按钮即可。

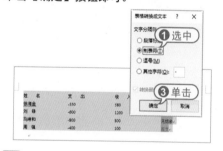

2 Word表格转换为Excel表格

如果用户需要将Word中的表格转换为Excel表格，可以参考下列步骤操作。

01 选中文档中的表格，右击鼠标，在弹出的菜单中选择【复制】命令，或者按下Ctrl+C组合键复制表格。

02 打开Excel工作簿，在目标单元格中右击鼠标，在弹出的菜单中选择【选择性粘贴】命令。

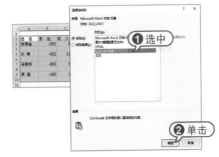

03 在打开的对话框中选中【Unicode文本】选项，并单击【确定】按钮，即可将Word中的表格转换为Excel表格。

7.7 设置文档版式和背景

一般报刊都需要创建带有特殊效果的文档，这就需要用户使用一些特殊的版式和背景。

7.7.1 设置文档版式

Word 2016提供了多种特殊版式，常用的为文字竖排、首字下沉和分栏排版。

1 设置文字竖排版式

古人写字都是以从右至左、从上至下的方式进行竖排书写，但现代人都是以从左至右方式书写文字。使用Word 2016的文字竖排功能，可以轻松执行古代诗词的输入(即竖排文档)，从而还原古书的效果。

01 将鼠标指针插入文本中，选择【布局】选项卡，在【页面设置】命令组中单击【文字方向】按钮，在弹出的菜单中选择【垂直】命令。

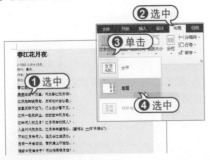

02 此时，将以从上至下，从右到左的方式排列诗词内容。

2 设置首字下沉版式

首字下沉是报刊中较为常用的一种文本修饰方式，使用该方式可以很好地改善文档的外观，使文档更引人注目。

01 将鼠标指针插入正文第1段前，选择【插入】选项卡，在【文本】命令组中单击【首字下沉】按钮，在弹出的菜单中选择【首字下沉选项】命令。

02 打开【首字下沉】对话框，将【位置】设置为【下沉】，将【字体】设置为【微软雅黑】，将【下沉行数】设置为3，

将【距正文】设置为"0.5厘米"。

03 单击【确定】按钮后，段落首字下沉的效果如下图所示。

进阶技巧

在Word中，首字下沉共有两种不同的方式，一个是普通的下沉、另外一个是悬挂下沉。两种方式区别之处就在于：【下沉】方式设置的下沉字符紧靠其他的文字，而【悬挂】方式设置的字符可以随意移动其位置。

3 设置页面分栏版式

分栏是指按实际排版需求将文本分成若干个条块，使版面更为美观。在阅读报刊时，常常会发现许多页面被分成多个栏目。这些栏目有的是等宽的，有的是不等宽的，从而使得整个页面布局显得错落有致，易于读者阅读。

01 选中文档中的段落，选择【布局】选项卡，在【页面设置】组中单击【分栏】下拉按钮，在弹出的快捷菜单中选择【更多分栏】命令。

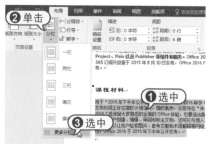

02 打开【分栏】对话框选择【三栏】选项，选中【栏宽相等】复选框和【分隔线】复选框，然后单击【确定】按钮。文档中段落的版式效果如下图所示。

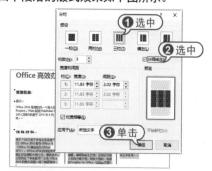

7.7.2 设置文档背景

为了使文档更加美观，用户可以为文档设置背景。文档的背景包括页面颜色和水印效果。为文档设置页面颜色时，可以使用纯色背景以及渐变、纹理、图案、图片等填充效果；为文档添加水印效果时可以使用文字或图片。

1 设置页面颜色

为Word文档设置页面颜色，可以使文档变得更加美观。

【例7-11】为"公司管理制度"文档设置纯色和渐变两种背景效果。

🎬 视频+素材 (光盘素材\第07章\例7-11)

01 打开文档选择【设计】选项卡，在【页面背景】命令组中单击【页面颜色】下拉按钮，在展开的库中选择一种颜色。

02 此时，文档页面将应用所选择的颜色作为背景进行填充。

03 再次单击【页面颜色】下拉按钮，在展开的库中选择【填充效果】选项，打开【页面布局】对话框。

04 选择【渐变】选项卡，选中【双色】单选按钮，设置【颜色1】和【颜色2】的颜色，在【变形】选项区域中选择变形的样式。

05 单击【确定】按钮后，即可为页面应用设置渐变效果。

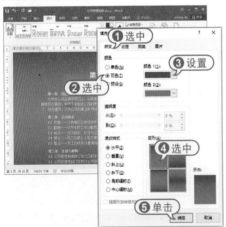

在【渐变填充】对话框中，如果需要设置纹理填充效果，可以选择【纹理】选项卡，选择需要的纹理效果。设置图案、图片填充效果的方法与此类似，分别选择相应的选项卡进行设置即可。

2 设置水印效果

水印是出现在文本下方的文字或图片。如果用户使用图片水印，可以对其进行淡化或冲蚀设置以免图片影响文档中文本的显示。如果用户使用文本水印，则可以从内置短语中选择需要的文字，也可以输入所需的文本。

【例7-12】为"公司管理制度"文档设置"水平"效果水印。

📀 视频+素材 (光盘素材\第07章\例7-12)

01 选择【设计】选项卡，在【页面背景】命令组中单击【水印】下拉按钮，在展开的库中选择【自定义水印】选项。

02 打开【水印】对话框选择【图片水印】单选按钮，然后单击【选择图片】按钮。

03 打开【插入图片】对话框，单击【来自文件】选项后的【浏览】按钮。

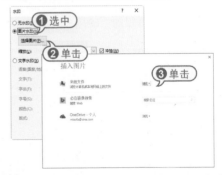

04 打开【插入图片】对话框，选择一个

图片文件后，单击【插入】按钮。

05 返回【水印】对话框，选中【冲蚀】复选框，然后单击【确定】按钮即可为文档设置水印效果。

06 若在【水印】文本框中选择【文字水印】单选按钮，单击【文字】下拉按钮，在弹出的列表中选择【传阅】选项，取消【半透明】复选框的选中状态。

07 单击【确定】按钮，文档中文字水印效果如下图所示。

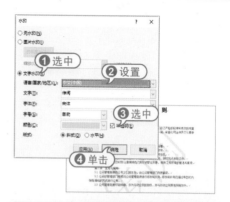

进阶技巧

在【水印】对话框中选择【文字水印】单选按钮之后，用户可以设置水印文字的字体、字号、颜色等格式，还可以设置文字的版式(斜式或水平)。

7.8 设置文档页眉和页脚

在制作文档时，经常需要为文档添加页眉和页脚内容。用户可以在页眉和页脚中插入文本或图形，也可以显示相应的页码、文档标题或文件名等内容。页眉与页脚中的内容在打印时会显示在页面的顶部和底部区域。

7.8.1 设置静态页眉和页脚

为文档插入静态的页眉和页脚时，插入的页码内容不会随页数的变化而自动改变。因此，静态页面与页脚常用于设置一些固定不变的信息内容。

【例7-13】为"公司管理制度"文档设置静态页眉与页脚。

视频+素材 (光盘素材\第07章\例7-13)

01 选择【插入】选项卡，在【页眉和页脚】命令组中单击【页眉】下拉按钮，在展开的库中选择【空白】选项。

02 进入页眉编辑状态，在页面顶部的输入页面文本。

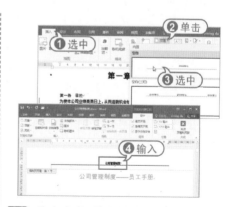

03 选中步骤2输入的文本，右击鼠标，在弹出的菜单中选择【字体】命令，打开【字体】对话框设置【中文字体】为【华文楷体】选项，在【字形】列表框中选择

【加粗】选项，在【字号】列表框中选择
【小三】选项。

[04] 单击【字体颜色】下拉按钮，在展开
的库中选择一种字体颜色，然后单击【确
定】按钮。

[05] 此时，可以看到输入的页眉文本效果
如下图所示。

[06] 按下键盘上的向下方向键，切换至页
脚区域中，输入需要的页脚内容。

[07] 向下拖动Word文档窗口的垂直滚动
条，可以查看其他页面中的页脚。此时将
会发现静态页脚是不会随着页数变化而变
化的。

7.8.2 添加动态页码

在制作页脚内容时，如果用户需要显
示相应的页码，用户可以运用动态页码来
添加自动编号的页码。

【例7-14】为"公司管理制度"文档设置
动态页码。

视频+素材 (光盘素材\第07章\例7-14)

[01] 选择【插入】选项卡的【页眉和页
脚】命令组中单击【页脚】下拉按钮，在
展开的库中选择【空白】选项。

[02] 进入页脚编辑状态，在【设计】选
项卡的【页眉和页脚】命令组中单击【页
码】下拉按钮，在弹出的菜单中选择【页
面底端】|【普通数字2】选项。

[03] 此时可以看到页脚区域显示了页码，
并应用了【普通数字2】样式。

[04] 在【页眉和页脚】命令组中单击【页
码】下拉按钮，在弹出的菜单中选择【设
置页码格式】命令，打开【页码格式】对
话框。

[05] 单击【编号格式】下拉按钮，在弹出
的下拉列表中选择需要的格式。

[06] 单击【确定】按钮后，页面中页脚的
效果如下图所示。

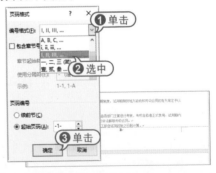

[07] 将鼠标指针放置在页脚文本中，可以
对页脚内容进行编辑。完成以上设置后，
向下拖动窗口滚动条，可以看到每页的页
面均不同，且随着页数的改变自动发生
变化。

7.9 进阶实战

本章的进阶实战部分将通过实例介绍使用Word 2016编排一个图文混排的文档，帮助用户巩固所学的知识。

【例7-15】使用Word制作"多肉植物主题的图片混排文档。

📀 视频+素材 (光盘素材\第07章\例7-15)

01 新建一个空白文档，选择【设计】选项卡，在【页面背景】命令组中单击【页面颜色】下拉按钮，在展开的库中选择【填充效果】选项。

02 打开【填充效果】对话框，选择【图片】选项卡，单击【选择图片】按钮，在打开的对话框中选择一个图片文件，并单击【插入】按钮。

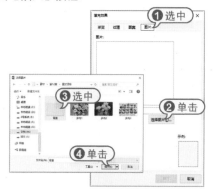

03 返回【填充效果】对话框，单击【确定】按钮，设置文档填充效果，然后在文档中输入如下图所示的文本。

04 选中文档中的文本"多肉植物 (植物种类)"，在【开始】选项卡的【样式】命令组中单击【标题】样式。

05 在【样式】命令组中右击【标题1】样式，在弹出的菜单中选择【修改】命令，打开【修改样式】对话框设置样式字体为【小三】，然后单击【确定】按钮。

06 选中文档中的文本，为其设置【标题1】样式。

07 选中文档中的第一段文本，右击鼠标，在弹出的菜单中选择【段落】命令，打开【段落】对话框，将【特殊格式】设置为【首行缩进】，将【缩进值】设置为【2字符】，然后单击【确定】按钮。

08 将鼠标指针插入第一段文本中，在【开始】选项卡的【剪贴板】命令组中双击【格式刷】按钮。

09 分别单击文档中的其他段落，复制段落格式。

10 选择【设计】选项卡，在【文档格式】命令组中单击【其他】按钮，在展开的库中选择【阴影】选项。

11 选择【插入】选项卡，在【插图】命令组中单击【形状】下拉按钮，在展开的库中选择【椭圆】选项，在文档中绘制如下图所示的椭圆。

12 选择【绘图工具】|【格式】选项卡，在【形状样式】组中单击【形状填充】下拉按钮，在展开的库中选择【图片】选项。

13 打开【插入图片】对话框单击【来自文件】选项后的【浏览】选项。

14 打开【插入图片】对话框，选中一个图片文件后单击【插入】按钮，为文档中的椭圆图形设置如下图所示的填充图片。

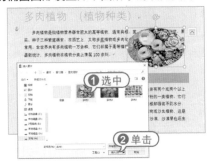

15 在【形状样式】命令组中单击【形状效果】下拉按钮，在弹出的菜单中选择【阴影】|【右下斜偏移】选项。

16 在【排列】命令组中单击【环绕文字】下拉按钮，在弹出的菜单中选择【紧密型环绕】选项。

17 使用同样的方法，继续绘制图像并填充图片，然后对文字环绕的方式进行设置。

7.10 疑点解答

◆ 问：在Word 2016中有哪些快捷键可以帮助用户提高工作效率？

答：在Word中按下Ctrl+Z组合键可以撤销上一个操作；按下Ctrl+Y组合键可以重复上一个操作；按下Ctrl+Shift+C组合键可以复制当前格式；按下Ctrl+Shift+V组合键可以粘贴复制的格式；按下Ctrl+Q组合键可以删除段落格式；按下Ctrl+Shift+N组合键可以删除文本格式；按下Ctrl+N组合键可以创建新文档。

第8章

常用软件的使用技巧

在日常工作中，电脑中除了一些必备的系统软件外往往还需要许多工具软件，以帮助用户查看和管理电脑中的数据。例如压缩和解压缩软件WinRAR、图片浏览软件ACDSee、病毒查杀软件360安全卫士、多媒体播放软件暴风影音等。

对应光盘视频

8.1 使用多媒体播放软件

多媒体播放工具主要指的是电脑中用来播放影音文件的工具。其中，比较常用的有暴风影音和千千静听等。

8.1.1 播放视频

暴风影音是目前最为流行的影音播放软件。它支持多种视频文件格式的播放，使用领先的MEE播放引擎，使播放更加清晰流畅。在日常使用中，暴风影音无疑是播放视频文件的理想选择。

1 播放本地影音文件

安装暴风影音后，系统中视频文件的默认打开方式一般会自动变更为使用暴风影音打开，此时直接双击该视频文件即可开始使用暴风影音进行播放。

如果默认打开方式不是暴风影音，用户可参考以下方法，将默认打开方式设置为暴风影音。

【例8-1】在Windows 10中设置文件的打开方式。 视频

01 右击需要设置打开方式的视频文件，在弹出的菜单中选择【属性】命令，打开【属性】对话框，选择【常规】选项卡后单击【更改】按钮。

02 在打开的对话框中选中【暴风影音】选项，然后单击【确定】按钮。

03 返回【属性】对话框单击【应用】按钮。

2 播放网络影音视频

为了方便用户通过网络观看影片，暴风影音提供了一个【在线影视】功能。使用该功能，用户可方便地通过网络观看自己想看的电影，具体如下。

01 启动暴风影音播放器，默认情况下会自动在播放器右侧打开播放列表。如果没有打开播放列表，可在播放器主界面的右下角单击【打开播放列表】按钮 。

02 打开播放列表后，切换至【在线影视】选项卡，在该列表中双击想要观看的影片，稍作缓冲后，即可开始播放。

3 暴风影音的快捷操作

在使用暴风影音看电影时，如果能熟

记一些常用的快捷键操作，则可增加更多的视听乐趣。这些常用的快捷键如下。

🎵 **全屏显示影片**：按Enter键，可全屏显示影片，再次按Enter键则恢复。

🎵 **暂停播放**：按Space(空格)键或单击影片，可以暂停播放。

🎵 **快进**：按右方向键→或者向右拖动播放控制条，可以快进。

🎵 **快退**：按左方向键←或者向左拖动播放控制条，可以快退。

🎵 **截图**：按F5键，可以截取当前影片显示的画面。

🎵 **升高音量**：按向上方向键↑或者向前滚动鼠标滚轮。

🎵 **减小音量**：按向下方向键↓或者向后滚动鼠标滚轮区。

🎵 **静音**：按Ctrl+M可关闭声音。

8.1.2 播放音频

要收听电脑中的歌曲，就要用到音乐播放软件。"千千静听"是目前比较流行的一个音乐播放软件，它以独特的界面风格和强大的功能，深受音乐爱好者的喜爱。

要使用千千静听播放器来收听音乐，必须先要在电脑上安装千千静听播放器软件。千千静听安装程序的参考下载地址为：http://ttplayer.qianqian.com/。

下载并安装完成后，启动千千静听，其默认的主界面如下图所示。

主界面共由4个面板组成，分别是【主控制界面】、【播放列表】、【歌词秀】和【均衡器】。在播放歌曲时，除了主控制界面外，其余各部分都可通过其右上角的【关闭】按钮×将其关闭，而不影响音乐的播放。

在主控制界面的右侧有4个控制按钮：【列表】、【均衡】、【歌词】和【音乐窗】。单击这些按钮可关闭相应的面板。

另外，默认的4个面板的位置并不是固定不变的，使用鼠标拖动其标题栏部分，即可将其拖动到任意位置。

1 播放音乐

一般情况下，当电脑中安装了千千静听播放器软件后，系统中的音乐文件会默认使用千千静听打开。如果没有默认以千千静听的方式打开，用户可参考【例8-1】的方法，更改音频文件的默认打开方式。

另外，还可通过以下方式来使用千千静听播放音乐。

01 在千千静听主控制界面中按Ctrl+O快捷键，打开【打开】对话框。

02 在【打开】对话框中选择要播放的音乐，然后单击【打开】按钮即可开始播放。如果电脑可以上网，默认情况下，千千静听会自动在网络上搜索歌词并同步显示。

2 创建播放列表

用户可为千千静听创建一个播放列表以方便播放，方法如下。

01 在【播放列表】面板中选中【默认】选项，然后单击【添加】按钮，在弹出的

菜单中选择【文件】命令。

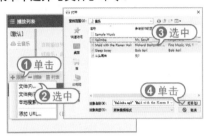

02 在打开的对话框中选中要添加的歌曲，然后单击【打开】按钮，即可将该歌曲添加到播放列表中。

进阶技巧

用户若想将整个文件夹中的歌曲都添加到播放列表中，可在【播放列表】面板中选择【添加】|【文件夹】命令，在打开的【浏览文件夹】对话框中选择相应的文件夹即可。

8.2　使用手机管理软件

通过在电脑中使用手机管理软件，用户可以全面、快速地管理手机中的软件、短信和文件。目前，可以用于在电脑上管理手机的软件很多，本节将以最常见的"360手机助手"软件为例，介绍手机管理软件的使用方法。

8.2.1　管理手机应用

使用"360手机助手"软件，可以通过无线或4G网络将电脑与智能手机连接，从而通过电脑管理手机上的应用软件。

1　搜索并安装应用

用户可以按下列步骤，通过"360手机助手"搜索并安装手机软件。

01 确保手机和电脑都接入同一个局域网。在电脑和手机上安装360手机助手，启动电脑端的"360手机助手"软件，在该软件的主界面中单击界面左侧的手机图标，然后在打开的对话框中选择【无线连接】选项。

02 启动手机上安装的"360手机助手"应用，在该应用的主界面上点击【二维码】按钮 。

二维码

03 使用手机扫码的方式，扫描电脑端"360手机助手"显示的二维码，此时，手机上将弹出对话框，提示成功与电脑建立无线连接。

04 此时，电脑端"360手机助手"将提示"已通过无线连接"。单击界面顶部的【找软件】选项，打开应用安装界面。

05 在应用安装界面左侧的列表中，用户可以使用列表中的分类选择要安装的应用。在界面右上角的搜索框中输入需要在手机中安装的应用名称后，按下回车键，可以在打开的界面中通过网络搜索应用。

06 在应用的搜索结果界面中，单击应用名称后的【一键安装】按钮即可将应用安装文件发送至手机。

07 此时，在手机中将打开应用安装提示界面，点击【安装】按钮即可安装应用。

2 更新手机应用

用户可以参考下列步骤，通过"360手机助手"更新手机中的软件。

01 使用"360安全助手"将手机与电脑连接后，单击软件界面上方的【我的手机】选项，在打开的界面右侧选择【可升级的应用】选项，显示手机中可升级的应用。

02 单击需要升级应用后的【升级】按钮，电脑将自动下载应用的升级文件，并将该文件发送至手机上提示用户安装。

03 在手机屏幕上显示的应用安装界面中点击【安装】按钮即可升级应用。

3 删除手机应用

在"360手机助手"中，用户可以用列表的形式查看手机中的全部应用，并删除其中不常用的应用，以便空出更多的手机空间。

01 使用"360安全助手"将手机与电脑连接后，单击软件界面上方的【我的手机】选项，在打开的界面中将显示手机中安装的所有应用。

02 单击应用后的【卸载】按钮，在弹出的提示框中单击【确定】按钮。

03 此时，手机上将打开应用卸载界面，在该界面中点击【卸载】按钮即可卸载应用。

8.2.2 清理手机空间

手机在使用一段时间后，随着各种软件的运行的累计，其SD卡的空间会逐渐减少。此时，用户可以在电脑上通过使用"360手机助手"软件，清理手机空间。

1 清理微信文件

微信在手机上运行时会自动下载图片、视频和一些文件，定期使用"360手机助手"对微信文件进行整理，可以为手机清理出更多的空间。

【例8-2】使用"360手机助手"清理手机中的微信文件。 视频

01 使用USB连接线将手机与电脑相连后，在电脑端的"360手机助手"界面中单击【微信清理】选项。

02 在打开的【微信清理】界面中单击【立即清理】按钮。

03 此时，"360手机助手"将自动开始扫描手机微信中的文件、图片与视频。

04 扫描结束后，在打开的界面中将显示微信文件的扫描结果。

05 单击扫描结果中的【小图片】、【大图片】或【小视频】按钮，可以查看相应的图片和视频文件。

06 单击图片或视频的预览图，选中需要删除的文件后，单击界面左上方的【返回】按钮，返回微信文件扫描结果界面。

07 单击界面右侧的【立即清理】按钮，即可开始清理微信中的文件。微信清理完毕后，在打开的界面中将显示手机腾出的空间。

2 清理手机文件

使用"360手机助手"可以快速地查找并清理手机中不需要的文件。

【例8-3】使用"360手机助手"清理手机中多余的文件。 视频

01 使用USB连接线将手机与电脑相连后，在电脑端的"360手机助手"界面中单击【立即体检】按钮执行手机体检。此时，软件将自动检测手机中的垃圾文件。

02 在"360手机助手"界面上方单击【我的手机】选项，在打开的界面中可以查看手机相册中保存的照片。单击选中不需要的照片后，单击界面上方的【删除】选项，可以删除手机中保存的照片，从而整理出更多的手机内存空间。

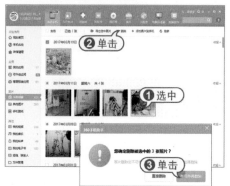

03 在界面左侧的列表中选中【我的视频】选项，在显示的界面中可以查看手机中保存的视频文件。选中视频文件前的复选框，然后单击界面上方的【删除】选项，可以删除手机中不需要的视频。

04 使用相同的方法，选择界面左侧列表中的【我的音乐】选项，可以在打开的界面中清理手机中的音乐文件；选择界面左侧列表中的【我的电子书】选项，可以在打开的界面中清理手机中下载的电子书；选择界面左侧列表中的【短信、联系人】选项，可以在打开的界面中清理手机中收到的短信。

8.2.3 备份手机数据

如果用户需要在电脑中备份手机中的数据，可以参考以下方法。

【例8-4】使用"360手机助手"备份手机数据。 视频

01 使用USB连接线将手机与电脑相连后，在电脑端的"360手机助手"界面中单击【备份】选项，在弹出的菜单中选择【手机备份】命令。

02 打开【手机备份】对话框，单击【更多设置】选项，在打开的【更多选项】对话框中单击【更改】按钮。

[03] 在打开的【另存为】对话框中设置手机数据备份的路径和文件名后，单击【保存】按钮。

[04] 返回【更多选项】对话框后单击【确定】按钮，返回【手机备份】对话框，选择需要备份的项目，例如联系人和应用，然后单击【备份】按钮即可开始备份数据。

[05] 完成手机备份后，如果需要使用恢复备份文件。重复步骤1的操作，单击"360手机助手"软件主界面中的【备份】选项，在弹出的菜单中选择【数据恢复】命令。

[06] 打开【数据恢复】对话框，单击【选择其他备份文件】选项，在打开的【打开】对话框中选中创建的备份文件后，单击【打开】按钮。

[07] 返回【数据恢复】对话框后，单击【恢复】按钮即可。

8.3 使用文件压缩软件

在使用电脑的过程中，经常会碰到一些体积比较大的文件或者是比较零碎的文件，这些文件放在电脑中会占用比较大的空间，也不利于电脑中文件的整理。此时可以使用WinRAR将这些文件压缩，以方便管理和查看。

8.3.1 安装WinRAR

WinRAR是目前最流行的一款文件压缩软件。其界面友好。使用方便，能够创建自释放文件，修复损坏的压缩文件，并支持加密功能。

要想使用WinRAR，就先要安装该软件。WinRAR的安装文件的参考下载地址为：http://www.winrar.com.cn/。

在电脑中安装WinRAR的方法如下。

[01] 双击WinRAR的安装文件图标，打开安装界面单击【安装】按钮。

02 开始安装WinRAR。安装完成后，在弹出的对话框中要求用户对WinRAR做一些基本设置。如果用户对这些设置不熟悉，保持默认选项并单击【确定】按钮即可。

03 随后在打开的对话框中单击【完成】按钮，即可完成WinRAR的安装。

8.3.2 压缩文件

使用WinRAR压缩软件有两种方法：一种是通过WinRAR的主界面来压缩，另一种是直接使用右键快捷菜单来压缩。

1 通过软件主界面压缩文件

在WinRAR软件的主界面中，用户可以参考以下方法创建压缩文件。

01 单击开始按钮，在弹出的菜单中选择WinRAR | WinRAR命令。

02 打开WinRAR软件主界面，单击【添加】按钮，打开【压缩文件名和参数】对话框，在【压缩文件名】文本框中输入创建压缩文件的文件名称。

03 选择【文件】选项卡，单击【要添加的文件】文本框后的【追加】按钮，在打开的对话框中按住Ctrl键选择要压缩的文件，然后单击【确定】按钮。

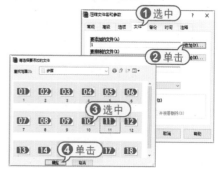

04 返回【压缩文件名和参数】对话框，单击【确定】按钮，即可在WinRAR主界面中创建一个压缩文件。

05 在WinRAR主界面中的文本框内，显示压缩文件所在的文件夹，选中文件夹地址按下Ctrl+C组合键，然后打开任意一个窗口，将鼠标指针放置在窗口地址栏中，按下Ctrl+V组合键并按下回车键，即可快速打开包含压缩文件的文件夹。

在【压缩文件名和参数】对话框的【常规】选项卡中有【压缩文件名】、【压缩方式】、【更新方式】和【压缩选项】等选项区域，它们的功能分别如下。

🔲【压缩文件名】：单击【浏览】按钮，可选择一个已经存在的压缩文件，此时WinRAR会将新添加的文件压缩到这个已经存在的压缩文件中，另外，用户还可输入新的压缩文件名。

🔲【压缩文件格式】：选择RAR格式可得到较大的压缩率，选择ZIP格式可得到较快的压缩速度。

🔲【压缩方式】：一般情况下，选择标准选项即可。

🔲【压缩分卷大小、字节】：当把一个较大的文件分成几部分来压缩时，可在这里指定每一部分文件的大小。

🔲【更新方式】：选择压缩文件的更新方式。

🔲【压缩选项】：可进行多项选择，例如压缩完成后是否删除源文件等。

2　通过右键菜单压缩文件

WinRAR成功安装后，系统会自动在右键快捷菜单中添加压缩和解压缩的命令，以方便用户使用。

01 打开要压缩的电子书所在的文件夹，按Ctrl+A组合键选中所有文件。

02 右击鼠标，在弹出的快捷菜单中选择【添加到压缩文件】命令，打开【压缩文件名和参数】对话框。

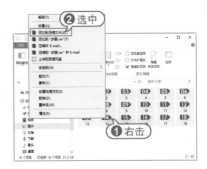

03 在【压缩文件名】文本框中输入要创建压缩文件的文件名后，单击【确定】按钮即可在步骤1打开的窗口中创建一个压缩文件。

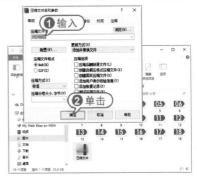

【例8-5】在创建压缩文件的同时，为压缩文件设置密码。📹视频

01 右击需要压缩的文件，在弹出的菜单中选择【添加到压缩文件】命令，打开【压缩文件名和参数】对话框，选择【高级】选项卡，单击【设置密码】按钮。

02 打开【带密码压缩】对话框，在【输入密码】和【再次输入密码以确认】文本框中输入两次相同的密码后，单击【确定】按钮。

03 返回【压缩文件名和参数】对话框，单击【确定】按钮压缩文件。此时，创建的压缩文件将包含密码，用户在对该文件执行解压缩操作时，将弹出密码输入提示对话框，提示输入密码才能继续操作。

8.3.3 解压文件

压缩文件必须要解压才能查看。要解压文件，可采用以下几种方法。

1 通过软件主界面解压

启动WinRAR，选择【文件】|【打开压缩文件】命令，打开【查找压缩文件】对话框。选择要解压的文件，然后单击【打开】按钮。

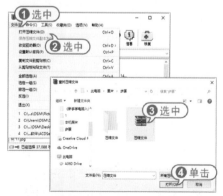

选定的压缩文件将显示在WinRAR主界面的文件列表中。单击【解压到】按钮，在打开的【解压路径和选项】对话框中，通过对话框右侧的窗格选择一个文件

解压路径后，单击【确定】按钮即可将压缩文件解压。

2 直接双击文件解压

直接双击压缩文件，可打开WinRAR的主界面，同时显示当前压缩文件中所包含的内容。单击【解压到】按钮，然后在打开的【解压路径和选项】对话框中单击【确定】按钮，可以将压缩文件解压至当前文件夹。

3 使用右键菜单解压

直接右击要解压的文件，在弹出的快捷菜单中有【解压文件】、【解压到当前文件夹】和【解压到压缩文件】3个相关命令可供选择，它们的具体功能分别如下。

● 选择【解压文件】命令，可打开【解压路径和选项】对话框，在该对话框中，用户可对解压后文件的具体参数进行设置，例如【目标路径】、【更新方式】等。设置完成后，单击【确定】按钮，即可开始解压文件。

选择【解压到当前文件夹】命令，WinRAR软件将按照默认设置，将该压缩文件解压到当前目录中。

选择【解压到压缩文件】命令，可将压缩文件解压到当前目录中，并将解压后的文件保存在和压缩文件同名的文件夹中。

8.3.4 管理压缩文件

在创建压缩文件时，用户可能会遗漏所要压缩到的文件或多选了无须压缩的文件，这时可以使用WinRAR管理文件，无须重新进行压缩操作，只需要在原有的已压缩好的文件里添加或删除即可。

【例8-6】在创建好的压缩文件中添加新的文件。 视频

----

01 双击压缩文件，打开WinRAR窗口，单击【添加】按钮。打开【请选择要添加的文件】对话框，选择所需添加到压缩文件中的文件，然后单击【确定】按钮，打开【压缩文件名和参数】对话框。

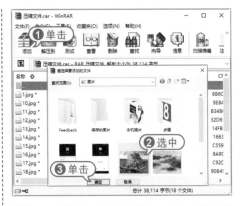

02 继续单击【确定】按钮，即可将文件添加到压缩文件中。如果要删除压缩文件中的文件，在WinRAR窗口中选中要删除的文件，单击【删除】按钮即可。

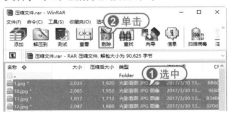

8.4 使用图片浏览软件

要查看电脑中的图片，就要使用图片查看软件。ACDSee是一款非常好用的图像查看处理软件，它被广泛地应用在图像获取、管理以及优化等各个方面。另外，使用软件内置的图片编辑工具可以轻松处理各类数码图片。

8.4.1 浏览电脑图片

ACDSee提供了多种查看方式供用户浏览图片，用户在安装ACDSee软件后，双击桌面上的软件图标启动软件，即可启动ACDSee。

使用 ACDSee软件浏览电脑图片的常用操作如下。

01 启动ACDSee，在其主界面左侧的

【文件夹】列表框中打开图片文件所在的文件夹。

02 此时，ACDSee软件主界面中间的文

件区域将显示文件夹中的所有图片。

03 双击其中的任意一张图片，即可在打开的窗口中放大查看该图片。

04 单击窗口顶部工具栏中的【上一个】按钮🖼和【下一个】按钮🖼，可以浏览文件夹中的其他图片。

05 单击窗口顶部工具栏中的【缩放工具】按钮🔍，单击打开的图片，可以放大图片；右击图片则可以缩小图片。

06 如果用户需要将图片以最合适的大小显示在当前窗口中，可以单击窗口顶部工具栏右侧的【缩放】按钮🔍▾，在弹出的下拉列表中选择【适合图像】选项，如下图所示。

07 单击窗口顶部工具栏中的【拖放工具】按钮🖐，然后当鼠标指针变为手形时，在窗口单击并按住鼠标左键拖动，可以查看放大后照片的各个位置。

08 单击窗口顶部工具栏中的【向左旋转】按钮🔄和【向右旋转】按钮🔄，可以向左或向右旋转查看图片。

09 完成图片的浏览后，按下Esc键即可关闭图片浏览窗口。

【例8-7】使用ACDSee浏览图片，并将图片设置为桌面背景。 🔵视频

01 打开图片文件所在的文件夹，右击要

浏览的图片，在弹出的菜单中选择【打开方式】|【选择其他应用】命令，在打开的对话框中选择ACDSee软件后，单击【确定】按钮。

02 此时，ACDSee软件将直接打开一个窗口显示图片效果。

03 单击窗口顶部工具栏右侧的【设置墙纸】按钮，在弹出的列表中选择一种墙纸显示方式(例如【居中】)，即可将窗口中打开的图片设置为桌面背景。

8.4.2 编辑图片

使用ACDSee不仅能够浏览图片，还可对图片进行简单的编辑。

1 调整图片大小

使用ACDSee软件调整图片大小的方法如下。

01 使用ACDSee软件打开包含图片的文件夹，右击需要调整大小的图片，在弹出的菜单中选择【编辑】命令。

02 进入图片编辑界面，在窗口右侧的编辑面板中单击【调整大小】选项，打开【编辑面板：调整大小】窗格。

03 在【编辑面板：调整大小】窗格中，用户可以选择按像素、百分比或实际/打印大小来调整图片的大小。本例选择【百分比】单选按钮，然后调整【宽度】和【高度】文本框中的参数。完成后，单击【完成】按钮。

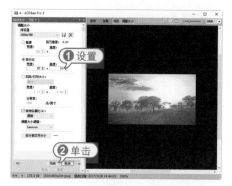

04 返回图片编辑界面，单击界面右上角的【完成编辑】按钮，在打开的对话框中单击【另存为】按钮。

05 打开【图像另存为】对话框，在【文件名】文本框中输入一个文件名后，单击【保存】按钮，即可将调整后的图片另存为一个新的图片。

2 裁剪图片

如果用户需要对图片执行裁剪操作，可以参考以下方法。

01 双击需要裁剪的图片，将其使用ACDSee软件打开，然后右击图片，在弹出的菜单中选择【编辑】|【编辑模式】命令，打开图片编辑界面。

02 在编辑面板中单击【裁剪】选项，进入图片裁剪模式。

03 在图片裁剪模式中，调整窗口右侧窗格调整裁剪框的大小和位置，确定裁剪区域后，单击【完成】按钮。

04 返回图片编辑界面，单击窗口左上角的【完成编辑】按钮，在打开的对话框中单击【保存】按钮，图片的裁剪效果如下图所示。

3 添加水印

使用ACDSee软件用户可以方便地为图片添加各种类型的水印，方法如下。

01 使用ACDSee打开一个图片文件后，右击该文件，在弹出的菜单中选择【编辑】|【编辑模式】命令，打开图片编辑界面。

02 在编辑面板中单击【水印】选项，进入水印编辑模式，单击【浏览】按钮，打开【水印】对话框，选中一个水印图片文件后，单击【打开】按钮。

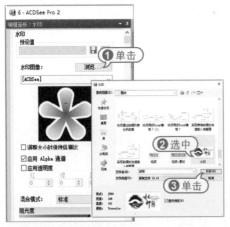

03 此时，将在图片中添加一个水印，将鼠标指针放置在水印上方，按住左键拖动

可以调整水印的位置；按住水印四周的控制点拖动可以调整水印的大小；在【编辑面板：水印】窗格中调整【阳光度】文本框中的参数，可以设置水印的透明度。

04 在图片上完成水印的添加后，单击【完成】按钮，在打开的提示框中单击【保存】按钮即可。

【例8-8】使用ACDSee为图片批量添加水印。

🎬 视频+素材 (光盘素材\第08章\例8-8)

01 将需要添加水印的图片都复制在同一个文件内，然后使用ACDSee打开包含图片的文件夹。

02 按下Ctrl+A组合键，选中文件夹中的所有文件，然后右击鼠标，在弹出的菜单中选择【批处理工具】|【批处理器】命令。

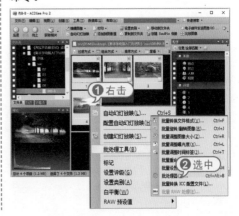

03 打开【批处理器】对话框，在【操作】列表框中选中【水印】复选框，然后在显示的选项区域中单击【浏览】按钮。

04 打开【水印】对话框，选中一个水印图片后，单击【打开】按钮。

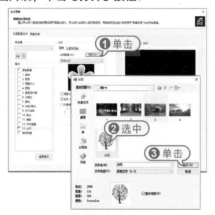

05 返回【批处理器】对话框，调整水印的位置和大小，然后单击【下一步】按钮。

06 打开【输出选项】对话框，保持默认设置，单击【下一步】按钮。

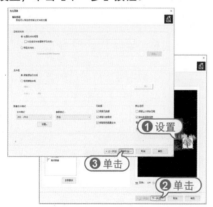

07 此时ACDSee将处理所有的图片，在打开的对话框中单击【全是】按钮。

08 最后，在打开的对话框中单击【完成】按钮，即可为步骤2选中的所有图片添加水印。

8.4.3 转换图片格式

在ACDSee中打开一张图片后，用户可以参考以下方法，转换图片的格式。

01 打开图片文件后，选择【文件】|【另存为】命令，打开【图像另存为】对话框。

02 在【图像另存为】对话框中单击【保存类型】按钮，在弹出的下拉列表中选择一种图片格式类型，单击【保存】按钮。

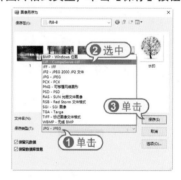

【例8-9】使用ACDSee为图片批量转换图片格式。

视频+素材 (光盘素材\第08章\例8-9)

01 在ACDSee中按住Ctrl键选中所有要转换格式的图片后，右击鼠标，在弹出的菜单中选择【批处理工具】|【批量转换文件格式】命令。

02 打开【批量转换文件格式】对话框，在【格式】列表框中选中一种文件格式，然后单击【下一步】按钮。

①选中

②单击

03 打开【设置输出选项】对话框，保持默认设置，单击【下一步】按钮，在打开的对话框中单击【开始转换】按钮。

②单击

①单击

04 随后，软件将开始转换图片文件的格式，完成后在打开的对话框中单击【完成】按钮即可。

8.4.4 复制与移动图片

在ACDSee软件中，用户可以方便地将图片文件与文件夹复制或移动到电脑中的任意位置。

由于复制与移动图片的操作方法类似，下面将以复制图片的方法为例，介绍具体的操作步骤。

01 在ACDSee中，选中一个图像后，选择【编辑】|【复制到文件夹】命令。

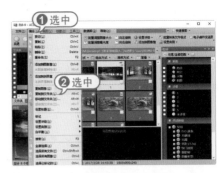

①选中

②选中

02 打开【复制到文件夹】对话框，选中一个文件夹，然后单击【确定】按钮即可。

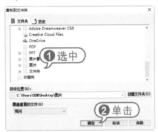

①选中

②单击

8.4.5 打印电脑图片

如果要打印电脑中的图片，可以在窗口顶部的工具栏中单击【打印】按钮，打开【打印】对话框，在对话框右侧的【打印机选项】选项区域中设置打印机和各项打印参数，然后单击【打印】按钮即可。

①单击

②设置

③单击

8.5 使用PDF阅读软件

PDF全称为Portable Document Format，译为可移植文档格式，是一种电子文件格式。要阅读该种格式的文档，需要特有的阅读工具，如Adobe Reader。Adobe Reader(也称为Acrobat Reader)是美国Adobe公司开发的一款优秀的PDF文档阅读软件，除了可以完成电子书的阅读外，还增加了朗读、阅读eBook及管理PDF文档等多种功能。

8.5.1 阅读PDF文档

在电脑中安装Adobe Reader后，PDF格式的文档会自动通过Adobe Reader打开。另外，还可通过【文件】菜单来打开PDF文档。

启动Adobe Reader，选择【文件】|【打开】命令，或者单击【打开】链接，打开【打开】对话框，在【打开】对话框中选择一个PDF文档，然后单击【打开】按钮，即可打开该文档。

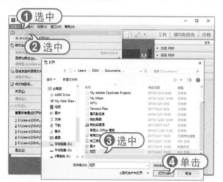

在阅读文档时，右击鼠标，在弹出的快捷菜单中选择【手形工具】命令。使用该工具可拖动文档以方便阅读。

8.5.2 选择与复制文本

用户可将PDF中的文字复制下来，以方便作其他用途。要复制PDF中的文字，可在文档中右击，在弹出的快捷菜单中选择【选择工具】命令。

接下来，按住鼠标左键不放拖动鼠标选中要复制的文字，释放鼠标，接着在选定的文字上右击，然后选择【复制】命令，即可将选定的文字复制到剪贴板中。

进阶技巧

若PDF文档进行了加密，则其中的文字无法使用本节介绍的方法来复制，此时需使用专门的PDF转换工具。

8.5.3 复制与粘贴图片

许多PDF文档中都包含精美的图片，如果想要得到这些图片，可将其从Adobe Reader中直接复制出来。首先在文档中右击，在弹出的快捷菜单中选择【选择工具】命令，然后单击选中要保存的图片，

接着在该图片中右击，在弹出的快捷菜单中选择【复制图像】命令，即可将该图片复制到剪贴板中。

接下来启动另一个程序(例如Windows自带的【画图】程序)，使用【粘贴】命令或按下Ctrl+V组合键，即可将复制的图像复制到新的文档中。

8.6 使用中英文互译软件

金山词霸是目前最流行的英语翻译软件之一，该软件可以实现中英文互译、单词发声、屏幕取词、定时更新词库以及生词本辅助学习等功能，是不可多得的实用软件。

8.6.1 查询中英文单词

金山词霸的主界面如下图所示。在窗口上方的搜索文本框中输入要查询的英文单词，例如输入apple，系统即可自动显示apple的汉语意思和与apple相关的词语。

若在搜索文本框中输入汉字"丰富"，并选中【英汉双向大词典】选项卡，则系统会自动显示"丰富"的英文单词和与"丰富"相关的汉语词组。

8.6.2 使用屏幕取词功能

金山词霸的屏幕取词功能是非常人性化的一个附加功能，在金山词霸主界面右下角选中【取词】复选框即可启动该功能。

启用屏幕取词功能后，用户只要将鼠标指针指向屏幕中的任何中、英字词，金山词霸就会出现浮动的取词条，用户可以方便地看到单词的音标、注释等相关内容。

8.6.3 翻译整段文本

在金山词霸右侧的列表中选择【翻译】选项，在显示的界面中的【原文】文本框中输入需要翻译的整段文本，然后单击【翻译】按钮，即可在窗口下方显示英文翻译。

同样，在【原文】文本框中输入英文，单击【翻译】按钮后，可以在窗口下方显示翻译后的中文。

单击窗口底部的【逐句对照】按钮，可以逐句对照整段文字的翻译结果。

8.7 使用系统工具软件

鲁大师是一款集系统优化、维护、清理和检测于一体的工具软件，可以让用户只需几个简单步骤就能快速完成一些复杂的系统维护与优化操作。

8.7.1 检测电脑硬件

在电脑中安装并启动"鲁大师"软件后，在软件界面顶部选择【硬件体检】选项，在显示的界面中单击【硬件体检】按钮。此时，软件将开始检测电脑硬件的状态，并在完成后显示硬件检测结果。

完成硬件体检后，选择界面上方的【硬件检测】选项，在显示的界面中选择

窗口右侧列表中的【电脑概览】选项，可以显示当前电脑的状态，包括是否使用了独立显卡，是否能无线上网，是否有摄像头、蓝牙和光盘刻录设备，以及电脑的型号、操作系统，主板、内存、处理器等硬件设备的具体型号。

在硬件检测界面右侧的列表中，用户还可以通过选择处理器信息、主板信息、内存信息等选项，查看电脑各主要硬件的详细信息。

8.7.2 检测电脑性能

选择"鲁大师"软件主界面顶部的【性能检测】选项，在打开的界面中单击【开始评测】按钮，可以检测当前电脑处理器、显卡、内存和硬盘的性能。

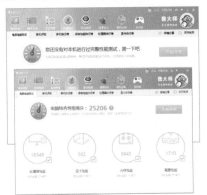

在评测结果界面中，"鲁大师"将根据检测结果显示电脑的综合性能评分。

8.7.3 检测硬件驱动

选择"鲁大师"软件主界面顶部的【驱动检测】选项，将启动"360驱动大师"检测电脑硬件的驱动程序状态。

在检测结果界面中，软件将显示当前电脑中需要安装驱动的硬件列表。单击【一键安装】按钮即可为硬件安装驱动。

8.7.4 清理与优化电脑

选择"鲁大师"软件主界面顶部的

【清理优化】选项，在打开的界面中单击【开始扫描】按钮，软件将自动扫描电脑中可以清理和优化的项目，并在完成后显示相应的结果。

单击清理和优化项目下方的【查看详情】选项，可以在打开的【清理详情】对话框中查看"鲁大师"软件扫描出的可清理和可优化项目。

在【清理详情】对话框中选择需要清理的项目后，单击【清理】按钮即可实现对电脑的清理。

8.7.5 安装常用软件

在"鲁大师"软件界面上方选择【装机必备】选项，在显示的选项区域中用户可以安装电脑的常用软件，例如浏览器、输入法、QQ、暴风影音、手机助手、音乐播放器、图片浏览软件等。

8.8 进阶实战

本章的进阶实战部分将通过具体的实例操作介绍电脑常用软件的使用技巧，帮助用户进一步巩固所学的知识。

8.8.1 使用暴风影音下载视频

【例8-10】使用"暴风影音"通过网络下载视频。 （视频）

01 启动"暴风影音"软件后，在软件界面右侧的搜索栏中输入需要通过网络下载的视频名称，并单击【查询】按钮。

02 在搜索结果界面中右击一个视频名称，在弹出的菜单中选择【下载】|【下载到电脑】命令。

03 打开【暴风应用中心】窗口，在弹出的【提示】对话框中单击【保存位置】文本框后的【浏览】按钮 。

04 打开【浏览文件夹】对话框，选择用于保存视频的文件夹，单击【确定】按钮。

05 返回【提示】对话框后单击【确定】按钮，即可在【暴风应用中心】窗口中创建文件下载任务。

06 保持电脑始终接入Internet，稍等片刻后即可将网络中的视频下载到电脑上。

8.8.2 使用千千静听下载音乐

【例8-11】使用"千千静听"通过网络下载音乐。 （视频）

01 启动"千千静听"软件后，单击【音乐窗】按钮，在打开窗口右上方的搜索栏中输入要通过网络查找的音乐名称，并按下回车键。

02 在搜索结果界面中，选中要下载的音乐前方的复选框，然后单击【下载】按钮。

03 打开【下载歌曲】对话框，选择音乐的下载品质后，单击【立即下载】按钮。

04 打开【下载歌曲保存路径】对话框，在对话框中的文本框内输入保存音乐的路径，然后单击【确定】按钮。

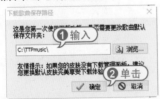

05 在【音乐窗】界面中选择【我的下载】选项，可以在打开的窗口中显示音乐的下载进度。

06 音乐下载完成后，单击【下载完成】按钮，在显示的列表中将显示"千千静听"软件下载的音乐列表。右击音乐的名称，在弹出的菜单中选择【播放歌曲】命令，即可播放下载的音乐。

8.8.3 设置批量压缩文件

【例8-12】使用WinRAR软件设置批量压缩多个文件。 视频

01 选中要压缩的多个文件后，右击鼠标，在弹出的菜单中选择【添加到压缩文件】命令。

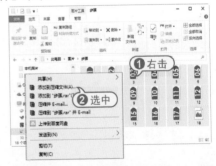

02 在打开的【压缩文件名和参数】对话框中，选择【文件】选项卡，然后选中【把每

个文件放到单独的压缩文件中】复选框。

03 单击【确定】按钮后，WinRAR将分别压缩选中的所有文件。

04 如果用户需要批量解压缩文件，可以按住Ctrl键，选中窗口中的所有压缩文件，右击鼠标，在弹出的菜单中选择【解压到当前文件夹】命令或【解压每个压缩文件到单独的文件夹】命令。

【例8-13】使用Word 2016软件，将文档转换为PDF格式。 视频

01 使用Word 2016打开一个文档。

02 单击【文件】按钮，在弹出的菜单中选择【导出】选项，在显示的选项区域中选中【创建PDF/XPS文档】选项后，单击【创建PDF/XPS】按钮。

03 在打开的【发布为PDF或XPS】对话框中，单击【确定】按钮即可。

8.8.5 制作图片幻灯片

【例8-14】使用ACDSee将多张图片制作成幻灯片。 视频

01 启动ACDSee软件后，打开保存图片的文件夹，按住Ctrl键选中幻灯片中需要用到的图片。

02 选择【创建】|【创建PPT】命令，打开【创建PPT向导】对话框，单击【下一步】按钮。

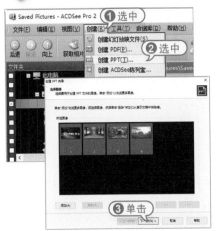

04 打开【文本选项】对话框，设置演示文稿的标题、说明和备注文本后单击【创建】按钮。

03 打开【演示文稿选项】对话框，设置每张幻灯片的持续时间，以及每个幻灯片的图像数量，完成后单击【下一步】按钮。

05 此时，将打开PowerPoint软件创建下图所示的演示文稿。

8.9 疑点解答

问：如何判断网络中下载的工具软件安装文件是否携带了其他小软件？

答：通过网络下载软件时用户应看清正确的下载链接地址，确认下载文件的实际大小以及文件扩展名(是zip还是exe)。目前，很多网站都有自己的专用下载工具。一般下载页面都会提供多个文件下载路径，如果用户下载的文件扩展名为.exe，文件名称显示的是页面提示的文件名，但容量与网页上标准的不一致，且下载速度很快，那么很可能下载的就是该网站提供的软件专用下载工具。此类工具在启动后就会自动在电脑中安装一些用户不需要的软件。

第9章

使用电脑上网

如今，互联网已经广泛应用于人们的生活中。通过Internet，用户不仅可以方便、快捷地找到各种网络资源，下载需要的软件，还能够实现收发电子邮件以及发布和阅读微博信息等应用。

对应光盘视频

9.1 常用的网络连接方式

要使用电脑上网首先要将电脑接入Internet。目前，常见的Internet接入方式有3种，分别是ADSL接入、小区宽带接入和无线上网卡接入。

9.1.1 家庭宽带上网(ADSL)

ADSL是目前使用最多的网络接入方式，其通过电话线接入Internet，但在上网的同时仍然可以使用电话，理论上最快可以达到24Mb/s，但从目前的价格和普及程度看，还是2Mb/s和4Mb/s的ADSL网络比较多见。

【例9-1】在Windows 10中使用用户名和密码设置ADSL上网。💿视频►

01 单击任务栏右下角的【网络】图标，在弹出的列表中选择【网络设置】选项。

02 打开【设置】窗口后，选择【拨号】选项，在显示的选项区域中单击【设置新连接】选项。

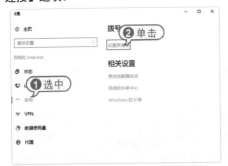

03 打开【设置连接或网络】对话框，选中【连接到Internet】选项后，单击【下一步】按钮。

04 在打开的对话框中单击【设置新连接】选项。

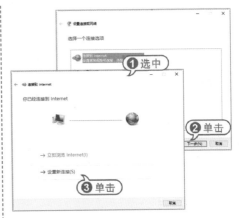

05 在打开的【你希望如何连接？】对话框中，单击【宽带PPPoE】选项。

06 在打开的对话框中，在【用户名】文本框中输入电信运营商提供的用户名，在【密码】文本框中输入提供的密码，然后单击【连接】按钮。

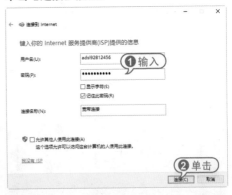

07 此时，系统开始连接到网络，连接成功后用户即可上网了。

如果创建的PPPoE拨号宽带连接创建成功，则可以创建一个快捷连接方式。用户在下次使用时只需从该连接方式登录即可，而不用每次都进行网络设置。

9.1.2 小区宽带上网

随着现代城市建设的不断完善，能够实现接入网功能的各种宽带接入技术得到了充分发展，许多小区提供了宽带上网的硬件设备。用户只需要使用网线将电脑与小区物业提供的网络接口相连，并在Windows系统中设置一个宽带连接即可将电脑接入Internet。

01 右击任务栏左侧的开始按钮▦(或按下Win+X组合键)，在弹出的菜单中选择【控制面板】命令，打开【控制面板】窗口并单击【网络和Internet】选项。

02 在打开的对话框中单击【网络和共享中心】选项，打开【网络和共享中心】窗口并单击【设置新的连接或网络】选项。

03 接下来打开【设置连接或网络】窗口，重复【例9-1】的操作，使用小区宽带

用户名和密码即可创建宽带连接。

9.1.3 无线上网

无线上网是指使用无线连接登录互联网的上网方式。它使用无线电波作为数据传送的媒介。它以方便快捷的特性，深受广大商务人士喜爱。

在电脑中安装无线网卡后，Windows系统将会在任务栏右侧显示【无线】图标📶，单击该图标，在弹出的列表中将显示无线网卡搜索到的无线网络名称，选中属于自己的无线网络名称，单击【连接】按钮并输入相应的密码即可实现无线上网。

进阶技巧

为了防止他人盗用无线网络，大多数的家庭用户都会将无线路由设置接入密码；而有些场合则会提供免费的无线网络接入点，譬如茶社、咖啡厅等场所，这里的无线网络一般不会设置密码，用户可以自由免费地接入。

9.2 使用浏览器访问网页

浏览器是指可以显示网页服务器或者文件系统的HTML文件内容，并让用户与这些文件交互的一种软件。网页浏览器主要通过HTTP协议与网页服务器交互并获取网页，这些网页由URL指定，文件格式通常为HTML。一个网页中可以包括多个文档，每个文档都是分别从服务器获取的。大部分的浏览器本身支持除了HTML之外的广泛的格式，例如JPEG、PNG、GIF等图像格式，并且能够扩展支持众多的插件(plug-ins)。

9.2.1 常用浏览器简介

网络中常用的浏览器有以下几种。

◗ Edge浏览器：Microsoft Edge浏览器是

微软公司发布的一款不同于传统IE的浏览器。该浏览器相比IE浏览器交互界面更加简洁，并兼容现有Chrome与Firefox两大浏览器的扩展程序。目前已经在Windows 10系统中获得支持(本章将以Edge浏览器为例，介绍电脑上网)。

🔘 谷歌浏览器：Google Chrome，又称Google浏览器，是一款由Google(谷歌)公司开发的开放原始码网页浏览器。该浏览器基于其他开放原始码软件所编写，包括WebKit和Mozilla，目标是提升稳定性、速度和安全性，并创造出简单且有效率的使用者界面。目前，谷歌浏览器是世界上仅次于微软IE浏览器的网上浏览工具，用户可以通过Internet下载谷歌浏览器的安装文件。

🔘 火狐浏览器：Mozilla Firefox(火狐)浏览器，是一款开源网页浏览器，该浏览器使用Gecko引擎(即非ie内核)编写，由Mozilla基金会与数百个志愿者所开发。火狐浏览器是可以自由定制的浏览器，一般电脑技术爱好者都喜欢使用该浏览器。刚下载的火狐浏览器一般是纯净版，功能较少，用户需要根据自己的喜好对浏览器进行功能定制。

🔘 世界之窗浏览器：这是一款快速、安全、功能细节丰富且强大的绿色多窗口浏览器。该浏览器采用IE内核开发，兼容微软IE浏览器，可运行于微软Windows系列操作系统上，并且要求操作系统必须安装有IE浏览器(推荐运行在安装IE 5.5或更高版本的系统上)。

🔘 360安全浏览器：这是一款互联网上安全的浏览器。该浏览器和360安全卫士、360杀毒等软件都是360安全中心的系列软件产品。用户在电脑中安装了360软件后，可以通过该软件中提供的链接，下载并安装360浏览器。

🔘 搜狗浏览器：这是一款能够给网络加速的浏览器，可明显提升公网与教育网互访速度2~5倍，该浏览器可以通过防假死技术，使浏览器运行快捷流畅且不卡不死，具有自动网络收藏夹、独立播放网页视频、Flash游戏提取操作等多项特色功能，

并且兼容大部分用户使用习惯，支持多标签浏览、鼠标手势、隐私保护、广告过滤等主流功能。

9.2.2 使用浏览器打开网页

在浏览网页前首先要打开网页。打开网页，用户可使用两种方法(以Edge浏览器为例)，一种是通过地址栏打开网页，另一种是通过超链接来打开网页。下面就分别来介绍这两种打开网页的方法。

1 通过地址栏打开网页

如果用户清楚地记得某个网页的网址，在打开网页时，可以直接在IE浏览器的地址栏中输入相应的网址，然后按下Enter键即可。

2 通过超链接打开网页

超链接是网页的特色之一。通过超链接，用户可方便地从一个网页跳转到一个连接的目标端点，这个端点可以是同一网页的不同位置、另一个网页、一张图片或者是一个应用程序等。当用户将鼠标指针移至网页中具有超链接的位置时，鼠标指针会变成"🖑"的形状，此时单击，即可打开超链接。

9.2.3 收藏与保存网页

用户在上网浏览网页时可能会遇到比较感兴趣的网页，这时用户可将这些网页

保存下来方便以后查看。IE浏览器提供了强大的保存网页的功能，不仅可以保存整个网页，还可以保存其中的部分图形或超链接等。

1 收藏网页

用户在浏览网页时，可将需要的网页站点添加到收藏夹列表中。以后，用户就可以通过收藏夹来访问它，而不用担心忘记了该网站的网址。

【例9-2】在Windows 10自带的Edge浏览器收藏网页。 视频

01 在Windows 10系统中单击任务栏上的Edge图标 ，打开Edge浏览器后，通过在地址栏中输入网址，访问一个网页。

02 单击浏览器右上角的【添加到收藏夹】按钮 ☆，在弹出的列表中单击【添加】按钮，即可收藏网页。

03 单击浏览器右上角的【收藏夹】按钮 ，在弹出的列表中即可查看收藏的网页。

当收藏夹中网页较多时，用户可以在收藏夹的根目录下创建几类文件夹，分别存放不同的网页，便于用户管理和查阅。在Edge浏览器中，要创建收藏文件夹，可参考以下方法。

01 单击浏览器右上角的【收藏夹】按钮 ，在弹出的列表中右击，在弹出的菜单中选择【创建新的文件夹】命令。

02 在创建的文件夹名称栏中输入新的文件夹名称(例如"网页")后，按下回车键即可创建一个新的收藏文件夹。

03 在收藏夹中成功创建文件夹后，在使用【例9-2】介绍的方法收藏网页时，单击【保存位置】按钮，可以在弹出的列表中选择网页的收藏位置。

2 保存网页

将浏览器中打开的网页保存在电脑硬盘中，用户可以方便地提取网页中的文本、图片等页面信息。

【例9-3】使用Edge浏览器将网页保存为PDF格式的文件。 视频

01 使用Edge浏览器打开一个网页后，单

击浏览器右上角的【更多】按钮…，在弹出的列表中选择【打印】选项。

02 在打开的对话框中单击【打印机】按钮，在弹出的列表中选择Microsoft Print to PDF选项，然后单击【打印】按钮。

03 打开【将打印输出另存为】对话框，选择网页文件的保存名称和路径后单击【保存】按钮即可。

进阶技巧

网页被保存为PDF文件后，仍然可以使用Edge浏览器打开，其中的超链接将会全部失效，用户可以方便地提取文本和图片。

9.3　使用搜索引擎

Internet是知识和信息的海洋，几乎可以找到所需的任何资源。那么如何才能找到自己需要的信息呢？这就需要使用到搜索引擎。目前常见的搜索引擎有百度和Google等，使用它们可以从海量网络信息中快速、准确地找出需要的信息，提高查找效率。

9.3.1　谷歌搜索引擎

Google(谷歌)搜索引擎是一个面向全球范围的中英文搜索引擎，以其易用、快速的特性深受广大网友喜爱。Google搜索引擎的Web地址是http://www.google.com.hk/，在地址栏中输入该地址并按下Enter键，就可以进入搜索页面。Google的搜索功能分为了9个类别，根据需要用户可在Google主页中选择搜索"网页"、"图片"、"视频"、"地图"、"新闻"、"音乐"、"购物"、Gmail和"更多"。如果要进行特定主题的搜索，可以在搜索引擎的文本框中输入关键字。

9.3.2　中文搜索引擎

除Google外，还有许多中文搜索引擎，例如百度、新浪、搜狗、网易等，都可以为用户提供详细而周全的搜索服务。在地址栏中输入https://www.sogou.com，然后按Enter键，即可打开搜狗首页。搜狗搜索引擎的使用简单方便，在进行基本搜索时，输入查询内容后按下回车键或者单击 🔍 按钮，即可得到相关资料。例如，输入关键字"Excel"，然后按下Enter键，即可得到有关Excel的资料。

下面将介绍一些中文搜索引擎(搜狗搜索引擎为例)的使用技巧。

1 关键词精确搜索

在想要搜索的关键字加上双引号,加了双引号会进行关键字精确搜索,剔除读音相近的模拟算法搜索结果。例如下图所示,搜索"Excel学习"相关的网页。

2 限定必须出现的词

在想要搜索的关键词前使用加号(+),可以指定搜索引擎在搜索结果中必须出现的关键词。例如搜索"电脑+装机",将显示如下图所示的结果。

3 限定不能出现的词

在想要搜索的关键词前使用减号(-),可以指定搜索引擎在搜索结果中不能出现的关键词。例如"电脑 -淘宝"(注意减号前加空格,减号后面不需要空格)搜索结果如下。

4 限定域名搜索

如果用户需要搜索某一个网站中的关键词,例如搜索新浪网中关于"篮球"的内容,可以在搜索时输入"site:sina.com篮球",即site:网站域名+关键词。

5 限定搜索博客内容

如果需要通过搜索引擎搜索博客文章中的关键词,可以使用blog:关键词方式搜索。例如,需要搜索博客中与篮球相关的内容,可以在搜索引擎中使用"blog:篮球"。

6 限定文档搜索类型

如果用户需要通过搜索引擎搜索特定类型的文档(例如PDF文档),可以使用格式"filetype:(文件后缀名)关键字",进行搜索。例如搜索与Excel相关的PDF资料，可以输入"filetype:PDF Excel"。

7　搜索微信公众号文章

使用搜狗搜索引擎，可以搜索微信公

众号发布的文章，方法如下。

01　打开搜狗搜索引擎首页后，单击页面左上角的【微信】选项。

02　在搜索引擎中输入关键词（例如"Excel使用技巧"），按下回车键即可。

9.4　下载网上资源

　　当用户需要Internet上的资源时，可将其下载到本地电脑中使用。如果用户需要保存文字和图片等信息，直接使用复制、粘贴命令即可完成。另外Internet还提供电影、音乐和软件等资源的下载，这时就需要用到下载工具。

9.4.1　使用浏览器下载

　　浏览器本身提供了内嵌的下载工具，用户如果没有安装其他的下载软件，可直接用内嵌的下载工具下载网络资源。

【例9-4】使用浏览器下载【迅雷】软件。

视频▶

01　使用搜索引擎搜索"迅雷"，在显示的搜索结果列表中单击搜索引擎搜索到的软件下载资源上的【高速下载】按钮。

02　在Edge浏览器打开的提示框中单击【另存为】按钮。

03　打开【另存为】对话框，指定文件的保存路径后，单击【保存】按钮即可。

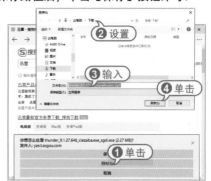

9.4.2　使用迅雷软件下载

　　用户在使用浏览器下载的过程中，有时会遇到意外的中断，对于所下载的文件只能前功尽弃。而且浏览器单线程下载不能充分利用带宽，无形中造成了很大浪费。目前最常用的网络下载工具迅雷可以解决这个问题。迅雷使用的多资源超线程技术基于网格原理，能够将网络上存在的服务器和电脑资源进行有效的整合，构成独特的迅雷网络，通过迅雷网络各种数据文件能够以最快速度进行传递。

1 下载文件

使用迅雷下载文件非常容易，用户找到文件的下载地址，然后选择使用迅雷下载即可(但要注意，使用迅雷前要先安装迅雷软件)。

【例9-5】使用【迅雷】下载软件。 视频

01 在电脑中安装并启动【迅雷】软件后，在窗口右上方的搜索栏中输入"暴风影音"，然后按下回车键。

02 此时，窗口右侧的界面中将打开百度搜索引擎，以关键字"暴风影音"搜索相关的页面，单击搜索结果中【暴风影音】软件的下拉连接【普通下载】。

03 打开【新建任务】对话框，单击【立即下载】按钮，即可开始下载。

04 文件下载完成后，在【迅雷】软件左侧的【已完成】列表中右击下载完成的

文件名，在弹出的菜单中选择【打开文件夹】命令，可以打开文件所在的文件夹。

2 设置文件下载路径

用户安装迅雷后，其默认的文件存储目录是C:\迅雷下载。由于C盘一般都是系统盘，一旦文件增多，就会占用C盘空间导致系统运行速度变慢，因此将迅雷的存储目录设置为其他位置显得尤为重要。

01 单击【迅雷】界面左上角的【更多】按钮…，在弹出的菜单中选择【设置中心】命令。

02 在打开的【设置中心】界面中单击【选择目录】按钮，即可在打开的对话框中设置迅雷软件的默认文件下载文件夹。

9.5 网上聊天

网络不仅具有共享资源的作用，还可以使天南地北的人们随时随地进行沟通，这就是网络的即时通讯功能。目前，比较常见的网络聊天软件主要有QQ、MSN、UC、YY、微信等。

📢 QQ：这是腾讯公司开发的一款基于Internet的即时通信软件。腾讯QQ支持在线聊天、视频电话、点对点断点续传文件、共享文件、网络硬盘、自定义面板、QQ邮箱等多种功能，并可与移动通讯终端等多种通讯方式相连。

📢 MSN：这是微软公司推出的即时消息软件，可以与亲人、朋友、工作伙伴进行文字聊天、语音对话、视频会议等即时交流，还可以通过此软件来查看联系人是否联机。

📢 UC：这是新浪网推出的一种网络即时聊天工具，功能与QQ和MSN类似，目前已拥有相当数量的用户群。

📢 飞信：这是中国移动推出的一项业务，可以实现即时消息、短信、语音、GPRS等多种通信方式，保证用户永不离线。飞信除具备聊天软件的基本功能外，还可以通过电脑、手机、WAP等多种终端登录，实现电脑和手机间的无缝即时互通，保证用户能够实现永不离线的状态；同时，飞信所提供的好友手机短信免费发、语音群聊超低资费、手机电脑文件互传等更多强大功能，令用户在使用过程中产生更加完美的产品体验。

📢 YY：这是一款基于Internet团队语音通信软件，最早用于网络游戏玩家的团队语音指挥通话，后逐渐吸引了其他类型的网络用户。由于YY语音的高清晰、操作方便等特点，目前已吸引越来越多的教育行业入驻并开展网络教育平台，比较著名的有外语教学频道、平面设计教学频道、心理学教育频道等。

📢 微信：微信(WeChat)是腾讯公司为智能终端提供即时通信服务的免费应用程序，可以为手机和电脑用户同时提供网络通信服务。

本节将以目前最常用的QQ和微信为例，介绍使用电脑上网聊天的方法。

9.5.1 使用QQ

要想在网上与别人聊天，就要有专门的聊天软件。腾讯QQ就是当前众多的聊天软件中比较出色的一款。QQ提供在线聊天、视频聊天、点对点断点续传文件、共享文件、网络硬盘、自定义面板、QQ邮箱等多种功能，是目前使用最为广泛的聊天软件之一。

1 申请QQ号码

打开浏览器，在地址栏中输入网址http://zc.qq.com/，然后按Enter键，打QQ号码的注册页面。在该页面中根据提示输入个人的昵称和密码等信息，然后在【验证码】文本框中输入页面上显示的验证码(验证码不分大小写)。

单击页面中的【立即注册】按钮，在打开的页面中根据网站要求完成相应的验证。打开手机验证页面输入手机号码和手

机上收到的验证码，单击【验证】按钮。

申请成功后，在打开的页面中，将显示新的QQ号码。

2 登录QQ软件

在使用QQ前，首先要登录QQ。双击QQ的启动图标，打开QQ的登录界面。在【账号】文本框中输入刚刚申请到的QQ号码，在【密码】文本框中输入申请QQ时设置的密码。输入完成后，按Enter键或单击【登录】按钮，即可开始登录QQ。登录成功后将显示QQ的主界面。

3 设置个人资料

在申请QQ的过程中，用户已经填写了部分资料，为了能使好友更加了解自己，用户可在登录QQ后，对个人资料进行更加详细的设置，方法如下。

01 QQ登录成功后，在QQ的主界面中，单击其左上角的头像图标，可打开个人资料界面。

02 单击【编辑资料】按钮，可以对个人资料进行设置，例如个性签名、个人说明、昵称、姓名等。

03 完成个人资料的设置完成后，单击【保存】按钮，将设置进行保存。

4 查找并添加好友

如果知道要添加好友的QQ号码，可使用精确查找的方法来查找并添加好友，方法如下。

01 QQ登录成功后，单击主界面最下方的【查找】按钮，打开【查找】对话框。

02 在【查找】标签的【查找】文本框中输入"116381166"按下回车键，即可查找出账号为116381166的用户。

03 单击 +好友 按钮，打开【添加好友】对

话框，要求用户输入验证信息。输入完成后，单击【下一步】按钮，用户可为即将添加的好友设置备注名称和分组。

04 设置完成后，单击【下一步】按钮，发送添加好友的验证信息。等对方同意验证后，就可以成功地将其添加为自己的好友了。

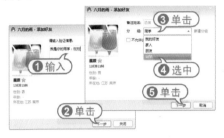

5 设置条件搜索网友

如果想要添加一个陌生人，结识新朋友，可以使用QQ的条件查找功能。

例如，用户想要查找"江苏省南京市，年龄在18-22岁之间的女性"用户，可在【查找】对话框中打开【找人】选项卡，在【性别】下拉列表框中选择【女】；在【所在地】下拉列表框中选择【中国 江苏 南京】；在【年龄】下拉列表框中选择【18-22岁】；然后单击【查找】按钮，即可查找出所有符合条件的用户。

在搜索结果中单击 **+好友**，在打开的对话框中输入验证信息并单击【下一步】按钮，即可向对方申请添加好友。

6 与QQ好友在线聊天

QQ中有了好友之后，就可以与好友进行聊天了。用户可在好友列表中双击对方的头像，打开聊天窗口。

在聊天窗口下方的文本区域中输入聊天的内容，然后按Ctrl+Enter快捷键或者单击【发送】按钮，即可将消息发送给对方，同时该消息将以聊天记录的形式出现在聊天窗口上方的区域中。

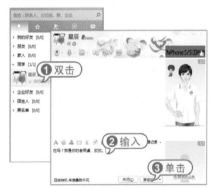

QQ聊天对方收到消息后，若进行了回复，则回复的内容会出现在聊天窗口上方的区域中。

如果用户关闭了聊天窗口，则对方再次发来信息时，任务栏通知区域中的QQ图标会变成对方的头像并不断闪动，单击该头像即可打开聊天窗口并查看信息。

QQ不仅支持文字聊天，还支持视频聊天。要与好友进行视频聊天，必须要安装摄像头。将摄像头与电脑正确地连接后，就可以与好友进行视频聊天了。具体方法是：打开聊天窗口，单击窗口上方的【发起视频通话】按钮，给好友发送视频聊天请求。

等聊天对方接受视频聊天请求后，双方就可以进行视频聊天了。在视频聊天的过程中，如果电脑安装了耳麦，还可同时进行语音聊天。

7 使用QQ传输文件

QQ不仅可以用于聊天，还可以用于传输文件。用户可通过QQ把本地电脑中的资料发送给好友，方法如下。

01 双击好友的头像，打开聊天窗口，单击上方的【传送文件】按钮，在打开的下拉列表中选择【发送文件】选项。

02 打开【打开】对话框，选中要发送的文件，然后单击【打开】按钮。

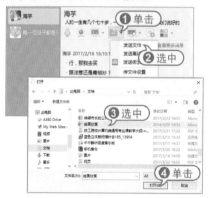

03 向对方发送文件传送的请求，等待对方的回应。

04 当对方接受发送文件的请求后，即可开始发送文件。发送成功后，将显示发送成功的提示信息。

9.5.2 使用微信

要使用电脑访问微信与好友聊天，用户需要在手机上安装并注册一个微信账号，然后在电脑上使用浏览器访问"微信网页版"(https://wx.qq.com/)，并使用手机微信上的"扫一扫"功能扫描如下图所示的网页二维码，并在手机上登录微信网页版。

1 与微信好友在线聊天

成功登录微信网页版后，可以使用电脑向微信好友发送聊天信息，方法如下。

01 登录微信网页版后，在浏览器中单击【通讯录】按钮，在显示微信好友列表中单击好友的头像，在显示的选取区域中单击【发消息】按钮。

02 在打开的聊天界面的底部输入聊天内容，然后按下回车键即可向好友发送聊天消息。

2 向微信好友发送文件

如果用户需要使用微信网页版向微信好友发送文件，可以在如上图所示的微信聊天界面中单击【图片和文件】按钮 □，在打开的对话框中选中一个文件后单击【打开】按钮，即可向好友发送文件。

3 创建微信聊天群组

如果用户需要同时和多个微信好友聊天，可以通过微信网页版创建一个聊天群组，方法如下。

01 单击上图所示页面顶部的 ∨ 按钮，在显示的选项区域中单击【+】按钮。

02 在打开的【发起聊天】列表中选择需要加入群组的好友，单击【确定】按钮。

03 此时将在窗口左侧的聊天列表中创建一个聊天群组，右击聊天群组名称，在弹出的菜单中选择【修改群名】选项，然后在打开的对话框中输入聊天群组名称，并单击【确定】按钮，修改聊天群组名称。

04 修改聊天群组名称后，在浏览器窗口右侧窗格中即可向参与聊天群组的所有微信好友发送聊天信息。

9.6 收发电子邮件

对于大多数用户而言，电子邮件(E-mail)是互联网上使用频率较高的服务之一。随着网络的普及，目前在全世界，电子邮件的使用已经超过了普通信件，成为人们交流、联系、传递信息的最主要工具之一。

9.6.1 申请电子邮箱

要发送电子邮件，首先要有电子邮箱。目前国内的很多网站都提供了各有特色的免费邮箱服务。它们的共同特点是免费，并能够提供一定容量的存储空间。对于不同的网站来说，申请免费电子邮箱的步骤基本上是一样的。下面以126免费邮箱为例，介绍申请电子邮箱的方法和步骤。

01 打开IE浏览器，在地址栏中输入网址 http://www.126.com/，然后按Enter键，进入126电子邮箱的首页。单击首页中的【去注册】按钮，打开注册页面。

02 在【邮件地址】文本框中输入想要使用的邮件地址，在【密码】和【确认密码】文本框中输入邮箱的登录密码。在【验证码】文本框中输入验证码，然后选中【同意"服务条款"和"隐私相关政策"】复选框。

03 在网页中根据网站提示单击【立即注册】按钮，提交个人资料，即可完成电子邮箱的注册。

知识点滴

电子邮件地址的格式为"用户名@主机域名"。主机域名指的是POP3服务器的域名，用户名指的是用户在该POP3服务器上申请的电子邮件账号。例如，用户在126网站上申请了用户名为kimebaby的电子邮箱，那么该邮箱的地址就是kimebaby@126.com。

9.6.2 登录电子邮箱

要使用电子邮箱发送电子邮件，首先要登录电子邮箱。用户只需输入用户名和密码，然后按Enter键即可登录电子邮箱。

01 访问126电子邮箱的首页。在【用户名】文本框中输入"miaofa101"，在【密码】文本框中输入邮箱的密码。

02 输入完成后，按回车键或者单击【登录】按钮，即可登录邮箱。

9.6.3 阅读与回复电子邮件

登录电子邮箱后，如果邮箱中有邮件，就可以阅读电子邮件了。如果想要给

发信人回复邮件，直接单击【回复】按钮即可。

1 阅读电子邮件

电子邮箱登录成功后，如果邮箱中有新邮件，则系统会在邮箱的主界面中给予用户提示，同时在界面左侧的【收件箱】按钮后面会显示新邮件的数量。

显示电子邮件数量

单击【收件箱】按钮，将打开邮件列表。在该列表中单击新邮件的名称，即可打开并阅读该邮件。

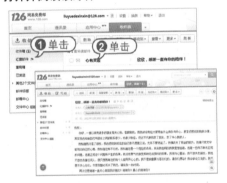

2 回复电子邮件

单击邮件上方的【回复】按钮，可打开回复邮件的页面。系统会自动在【收件人】和【主题】文本框中添加收件人的地址和邮件的主题(如果用户不想使用系统自动添加的主题，还可对其进行修改)。

用户只需在写信区域中输入要回复的内容，然后单击【发送】按钮即可回复电子邮件。

首次使用邮箱会打开下图所示的对话框，要求用户设置一个姓名。设置完成后，单击【保存并发送】按钮，开始发送邮件。

稍后会打开【发送成功】的提示页面，此时已完成邮件的回复。

9.6.4 撰写与发送电子邮件

登录电子邮箱后，就可以给其他人发送电子邮件了。电子邮件分为普通的电子邮件和带有附件的电子邮件两种。

1 发送普通电子邮件

在浏览器中登录电子邮箱，然后单击邮箱主界面左侧的【写信】按钮，打开写信的页面。

在【收件人】文本框中输入收件人的邮件地址，例如231230192@qq.com。在【主题】文本框中输入邮件的主题。例如，输入"下个月我们去旅游吧！"，然后在邮件内容区域中输入邮件的正文。

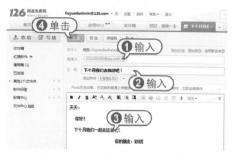

输入完成后，单击【发送】按钮，即可发送电子邮件。稍后系统会打开【邮件发送成功】的提示页面。

2 发送带附件的电子邮件

用户不仅可以发送纯文本形式的电子邮件，还可以发送带有附件的电子邮件。这个附件可以是图片、音频、视频或压缩文件等，方法如下。

01 登录电子邮箱，然后单击邮箱主界面左侧的【写信】按钮，打开写信的页面。

02 在【收件人】文本框中输入收件人的邮件地址，如输入231230192@qq.com。

03 在【主题】文本框中输入邮件的主题"这是你要的资料，请查收！"，在邮件内容区域中输入邮件的正文。

04 输入完成后，单击【添加附件】按钮，打开【选择要加载的文件】对话框。在该对话框中选择要发给对方的文件，然后单击【打开】按钮。

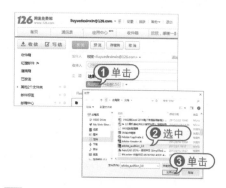

05 此时将自动上传所要发送的文件，上传成功后，单击【发送】按钮，即可发送带有附件的电子邮件。

9.6.5 转发与删除电子邮件

如果想将别人发给自己的邮件再发给另外的人，只需使用电子邮件的转发功能即可。要转发电子邮件，可先打开该邮件，然后单击邮件上方的【转发】按钮，打开转发邮件的页面。

在电子邮件的转发页面中，邮件的主题和正文系统已自动添加，可根据需要对其进行修改。修改完成后，在【收件人】文本框中输入收件人的地址，然后单击【发送】按钮，即可转发电子邮件。

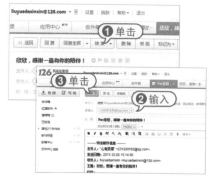

如果要删除邮件，可在收件箱的列表中，选中要删除的邮件左侧的复选框，然后单击【删除】按钮即可(使用此方法也可一次删除多封邮件)。

9.7 网上购物

随着网络的普及，越来越多的用户加入了网上购物的大军。与传统购物相比，网上购物拥有方便、安全、商品种类齐全以及价格更加便宜等优势。目前网上的购物网站有很多，其中淘宝网是拥有最多网购用户的购物站点之一。本节就以淘宝网为例，向读者介绍网上购物的方法。

9.7.1 搜索商品

淘宝网上有成千上万的商品在出售，想要在海量的商品中找到自己所需的商品，没有一点技巧是不行的。

1 使用关键字搜索商品

在淘宝网中，可以通过关键字来查找商品，只需在搜索框中输入两三个与商品有关的关键字，即可获取与该关键字相关的产品列表，方法如下。

01 启动浏览器，访问淘宝网的首页http://www.taobao.com。在页面上方的【宝贝】文本框中输入关键字"九分裤"，然后单击【搜索】按钮。

02 在搜索结果页面中可以进一步选择要查看的商品分类，以帮助用户选择商品，例如按照价格从低到高进行排列。

03 在搜索结果中单击要查看的商品图

片。打开商品的详情页，在该页面中还可以查看商品的详细介绍。

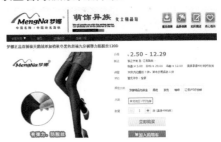

2 使用网站分类查找商品

在淘宝网中通过商品分类来查找商品，也能够找到最齐全的商品，方法如下。

01 启动浏览器，访问淘宝网的首页，在首页左侧的【商品服务分类】列表中选择【珠宝手表】|【流行饰品】|【戒指】选项。

02 即可在打开页面中显示【戒指】类商品的列表。

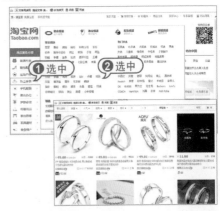

03 在搜索结果页面上方，还可以通过戒指的【选购热点】和【品牌】等条件，更

加精确地搜索和查看合适的商品。

04 在搜索结果列表中，单击某宝贝图片即可查看该宝贝的详情。

9.7.2 联系卖家

用户在淘宝网上购买商品前，建议先与该商品的卖家确认是否有货以及商品的一些相关情况，以保证交易能够顺利完成。

阿里旺旺是淘宝绑定的聊天工具，买家使用阿里旺旺可以轻松地与卖家进行联系。在使用阿里旺旺前，首先要在电脑中下载与安装该软件，阿里旺旺的下载地址为http://www.taobao.com/wangwang/。

如果用户仅仅是淘宝买家，可使用【买家用户】版。下载并安装阿里旺旺后，启动阿里旺旺，在登录界面中输入淘宝会员的账号及密码，即可登录阿里旺旺。

在要购买商品的店铺首页或者商品详细页面中，单击要联系的卖家的旺旺【和

我联系】图标，即可在阿里旺旺中打开与该卖家的聊天窗口，在窗口下面的文本框中输入聊天内容，然后单击【发送】按钮与卖家联系。

9.7.3 付款购买

在淘宝网中选择好商品后，就可以使用支付宝付款购买商品了。

首先在淘宝网中打开要购买商品的详细页面，在其中设置要购买商品的具体信息。例如要购买一件短裙，应根据自身需求选择短裙的【尺码】和【颜色分类】，选择完成后，设置要购买的数量，然后单击【立刻购买】按钮。

打开【确定订单信息】页面，在【确认收货地址】区域中选择收货地址。

所有信息确认无误后，单击【提交订单】按钮。打开【支付宝】页面，若用户的支付宝内有足够的余额，可直接使用支付宝付款。

如果余额不足，则可选择网上银行方式付款。选择要付款的网上银行，单击【下一步】按钮，然后按照页面提示，登录到自己的网上银行进行付款即可。

9.8　进阶实战

本章的进阶实战部分将介绍通过网络看电视直播的方法，帮助用户通过练习巩固本章所学的知识。

【例9-6】使用PPTV观看【东方卫视】频道。◎视频◎

01 安装并启动PPTV后，单击【直播】按钮，切换至【直播】界面。单击【东方卫视】选项，稍作缓冲后，即可观看东方卫视正在直播的节目。

02 单击播放界面右侧的【播放列表】按钮▤，然后单击【跳转到节目库】按钮，可打开下图所示的界面。

03 在上图所示界面中，播放窗口以小窗口显示，方便用户在节目库中选择其他节目。

9.9　疑点解答

● 问：通过网络购物时有哪些需要注意的常识？

答：下面总结了一些网上购物常用知识，供用户在网购前参考。

🔥 按照正规途径买卖。记住任何交易都必须按照正常的官方途径来买卖，所有的违规行为都是没有任何保障的，都是需要买家去承担风险的，尽量使用支付宝购买商品。

🔥 不要轻信卖家的花言巧语。有些卖家会先通过几次小额交易买卖来取得的信任，然后会在一次大的交易中说一些借口或理由违规操作，典型的如先确认收货、线下汇款、网上银行转账等，即便事后知道上当，但却会因为交易证据不足而投诉无门。

🔥 不要贪图便宜。贪图便宜是很多人买到劣质商品最基本的一个共同点。当人们发觉商品特别便宜时(比其他同类商品至少便宜30%以上或更多)，往往会激发冲动型购物，结果是物不符实。其实仔细想想就应该明白，卖家肯定是要赚钱的，不要相信一些亏本甩卖之类的言语，一般比市场价格便宜5%~15%区间商品比较正常，但还是要切记勿贪小便宜。

第10章

处理手机照片

对于摄影知识了解不多的人在用智能手机拍照时往往会忽视照片的构图，也很少会用软件对拍摄的照片进行后期修饰，这样便错过了许多值得纪念的瞬间。本章将主要介绍使用手机拍照并通过电脑软件调整与处理手机照片的方法与技巧。

对应光盘视频

10.1　使用手机拍照

　　在日常生活中，相机设备很多。这些设备功能强大、镜头成像优异，并且操作专业。但在工作之外的时间里，外观小巧的智能手机却是很多人首选的数码设备。下面将介绍使用手机拍照的相关知识和常用方法。

10.1.1　手机拍照的相关知识

　　手机拍照不同于相机摄影。相机摄影时对相机各项参数的调整，能够让拍摄者按照自己的意愿去拍出想要的效果，也给予拍摄者很大的自由度，比如景深的深浅调整、快门的快慢调整。

　　例如下图所示是用相机拍的落叶，普通手机根本没办法拍出来。

　　这是因为手机没有足够的快门和景深。那么什么是快门和景深呢？下图所示是不同快门和景深设置的拍摄效果。

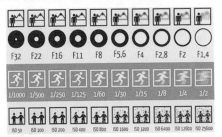

1　快门与成像

　　如果手机拍摄的照片模糊(如下图所示)，就牵涉到一个被称为"快门"的概念。快门的单位是秒，比如1/500和1/2分别代表快门打开时间为1/500秒和1/2秒。

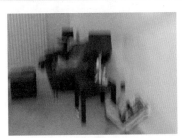

　　手机摄像头的感光元件，在1/500秒的快门速度下等于1/500秒的光投映在感光元件上的成像，因为时间极短一般不会产生模糊的效果。但在1/2秒的快门速度下，一般用户很难保证自己的手不会抖动，一旦抖动就会让投映产生模糊，因为感光元件会记录下在1/2秒里，所有投映在上面的光线，因为抖动了，所以每个像素上的影像信息错位过，就导致了拍摄照片的模糊。

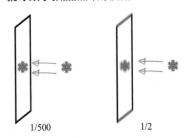

　　因此，在用手机拍照时，尽量保持手持相机稳定，这样拍出来的照片清晰度才高，不会模糊(尤其是在晚上拍照)。

2　快门与曝光

　　既然拍照时快门速越快拍出的照片越清晰，为什么不一直用高速的快门呢？不一直采用高速快门的原因在于照片的曝光需要足够的光量。如果光量不够的话，那么拍出来的照片就是黑的，如下图所示。

在光线较暗的地方，环境光的光量不够，只能长时间的曝光来获得足够的光量使照片正常曝光。这就相当于：一个水龙头放水，必须放合适时长得到刚好的一桶水，这样才能保证照片的正常曝光。

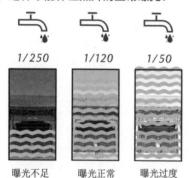

| 1/250 | 1/120 | 1/50 |
| 曝光不足 | 曝光正常 | 曝光过度 |

3 景深

聚焦完成后，在焦点前后的范围内形成清晰图像的距离范围，叫作景深。

从上图中可以看出，黑线内的部分属于景深区域，而不在黑线内的，有一种模糊的效果。这种模糊效果能营造前后景

别、突显主题。单反相机能够轻易地营造这样的成像效果，而手机就很难。在拍照时，影响景深效果有以下三个因素。

🔹 镜头光圈：光圈越大，景深越浅；光圈越小，景深越深。

🔹 镜头焦距：镜头焦距越长，景深越浅；焦距越短，景深越深。

🔹 拍摄距离：距离越远，景深越深；距离越近，景深越浅。

在以上三个因素中，镜头焦距因为手机镜头是广角定焦，不能调节因此不用考虑。而镜头光圈一般情况下，手机的默认设置是最大的。如果我们想用手机拍出浅景深的效果，可以把手机尽量靠近被拍摄的物体，进行特写拍摄。

进阶技巧

由于智能手机一般采用广角镜头的原因，在摄距超出60cm左右时，景深效果已经差强人意了。所以，在使用手机拍照时，在景深上无法过分追求效果。

10.1.2 ▶ 手机拍照的常用技巧

使用智能手机拍摄照片时，掌握一些实用技巧，可以大大提高拍摄照片的效果。

1 拍摄技巧

从某种程度上来说，智能手机已经把每个人都变成了摄影师。随着手机硬件的进步、拍照应用的多样化，在日常生活中人们完全可以不再需要相机，而是通过手机来拍照、编辑、分享，使得数字影像更具人文、生活气息。当然，即便拥有一款性能优异的手机，也需要注意一些拍照的小技巧，才能够获得更漂亮的照片。下面将介绍几个手机拍照的摄影技巧。

💡 保持稳定：手机的设计趋势显然是轻薄，同时，并非所有手机都内置了光学防抖功能，所以在拍照时，第一个需要注意的因素便是保持稳定。尽量使用双手持机、在拍摄时停留数秒，往往能够获得更加清晰稳定的图像。另外，使用三脚架可以增加相机稳定性，尤其是在夜间降低快门速度拍摄时，能够获得更稳定的效果。

💡 想好再拍：很多人使用手机拍照时喜欢狂拍一通，但筛选下来往往没有令人满意的照片。虽然数字技术让图像获取的成本更低，但实际上在拍摄前，大脑中依然应该有一个大概的构图、预计效果，这样更能有的放矢，提升照片的可用性。

💡 选择拍摄模式：如果用户使用的手机内置丰富的拍摄模式或是安装了拥有场景模式的拍照应用，在拍摄时应该根据场景选择最适合的那一个。虽然【自动】模式在拍摄一般照片时很"万能"，但其另一面便是在任何场景的表现都不突出，所以善用日落、夜景、高速移动等模式，更容易在特定场景下拍出好照片。

💡 不使用数码变焦：目前，几乎所有主流手机都没有配备光学变焦功能，手机内所谓的变焦实际上是通过软件插值计算的

数码变焦，也许可以将图像放大3倍，但分辨率和细节也大大降低，照片充满"噪点"。所以，最好的变焦利器实际上是拍照人的脚，通过移动来寻找最佳取景位置，而不是数码变焦。

💡 经常清洁镜头：手机与相机的不同之处是前者是一个复合功能型设备，而不是一个单纯的相机。由于手指很可能在打电话时放在镜头上，所以在拍照时建议使用任何可以清洁镜头的东西(如衣服、围巾等)稍微擦拭一下镜头。去除灰尘、指纹、油污，都有可能提升拍照效果。

2 对焦技巧

对焦是为了让拍摄的主体清晰，打开手机相机拍照，镜头就能自动对焦。但手机镜头不像相机那么专业，在某些情况下对焦并不方便，比如被摄体特别小，或要想拍出背景虚化的效果来，还是需要一点技巧的。

一般情况下，手机镜头很难对距离较近的物体对焦，也就是说"最近对焦距离"比较长，也就造成背景很难虚化。但手机拍照时，有"锁焦"功能，可以弥补这一点。"锁焦"指的是锁定焦点位置(焦平面)，接下来的所有拍摄，刚才锁焦的那个位置(焦平面)都是清晰的。

以iPhone手机为例，当镜头近处(15cm左右)有物体时，会默认对焦远处，此时长按对焦点(黄色方框)锁焦，背景清晰，近处的杯子被虚化。换言之，如果想要近处的杯子清晰，背景虚化，就要反其

道而行，对杯子对焦并锁焦。方法是点击杯子位置并长按，然后拍摄。

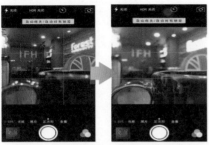

以上是在有前景(杯子)的情况下，在某些情况下，没有前景或前景不容易对焦，又想让背景虚化怎么办呢？

此时，在默认自动对焦的情况下，会拍出上图左图的效果，右图这种没有前景，背景也虚化的效果在拍摄时，可以找一个前景对焦锁焦，然后再对着远处构图拍摄即可。

例如，下图所示为先对焦在窗户上并锁定焦点，然后拍摄远处的灯光。

如果换一种场景，在靠近透明玻璃拍摄的时候，如果想拍出玻璃上的雨滴，让窗外的城市虚化，因为玻璃、雨滴是透明的，手机镜头无法准确对焦，自然也无法

锁焦。此时，有前景却不可用，和没前景制造前景的方法一样，可以把手(或其他物体)放在想要对焦的物体附近，然后对手对焦锁焦，再把手拿开拍摄即可。

进阶技巧

在实际拍摄时，还会遇到一个问题，就是对前景锁焦后移动镜头拍摄，因为环境改变曝光也可能会过度或欠曝。要解决这个问题很简单，锁焦后上下拖动屏幕上黄色小太阳图标，就能手动调节曝光了。

3 构图技巧

构图，是摄影的灵魂所在。一张照片的好坏程度，不仅要看其所表达的故事和拍照时相机的参数调节，构图也是占比非常重要的因素。通过构图，能够看出拍照者对于眼前画面的理解，还有对于摄影取景方面的功底。构图精彩的照片，往往能够带给观看者更多的意义，也能表达更丰富的细节和故事。

在用手机拍照时，以下3点是设计构图必要考虑的要素。

🔹 取景：这是构图的重点。拍摄时的所有构图都是通过取景来实现的。取景也就是人们通过相机的取景器或者屏幕来观看画面的过程。取景的纵横比例和水平或者竖直的走向能够实现不同的表现形式，因此需要根据被摄主体来决定画幅的大小。

🔹 控制画框大小：在手机相机的取景框中将所有想要的画面元素组织好，并且还有美观或者别具匠心，这个做起来其实是很难的。人们肉眼所看到的场景与照片之间的最大差别就是照片具有一个"画框"，也就是照片有尺寸的限制。照片是从自然景色中截取出来的画面，所以拍摄的人需要在取景器中寻找、发现并且组织所有的要素。但是如果将过多的元素截取到画面中，就会影响到画面本来的主体，所以截取"画框"时，也应该做到适量和刚好。

横向和竖向构图的选择：在构图时，选择横幅或者竖幅画面拍摄，是有判断的标准的。主要的判断因素是拍摄的主体或者景物的形式，还有就是拍照的人想要表达的视觉印象。当画面的景物竖线条比横线条更强烈，就可以选择竖幅构图拍摄，比如拍摄电视塔、楼群、山峰等。这样的表达能够突出主体的高耸、威严的感觉。当拍摄对象的横向线条多于竖向线条时，可以选择横向拍摄，比如拍摄水面、街道、田野等等。横向构图更加符合人眼所看到的景象的习惯，所以表达了宽阔的视野，让观看的人更加平静、安定。

除了上面所介绍的构图要素以外，在拍照时用户还可以参考以下几个常用的构图技巧。

对称式构图：这是比较常见的构图方式。常见的亭台楼阁都存在这种对称式的美感。对称式构图具有平衡、稳定、相呼应的优点，缺点是呆板、缺少变化。常用于表现对称的物体、建筑、特殊风格的物体。

对角线构图：简单来说，就是将主体沿画面的对角线方向展布。

三分法构图：其是指把画面横分三分，每一分中心都可放置主体形态。这种构图适宜多形态平行焦点的主体，也可表现大空间、小对象，也可反相选择。这种画面构图表现鲜明，构图简练。

框架式构图：这是一个形式感非常强的构图技巧。它能够让画面产生一个抢眼的图案或框架，拍摄者所需要表达的主体就在这个图案内部或框架下面展现。框架的存在还能遮挡住一些杂乱的或过于空旷的空间，让画面更紧凑。

● 利用倒影：在构图时利用倒影来拍摄建筑或者城市，是增强作品画面感最为简单有效的方法。在城市里，可以利用雨后地面的水潭、建筑物前面的水池，或者建筑物本身的玻璃镜面来拍摄出倒影/倒映的画面。天然的对称度，可以提升画面的美感。

● 有时，在用手机拍照时选择简单的背景，可以更好地突出拍摄的主体(例如人物、建筑)。在构图方面，可将拍摄主体放在取景框三分之一的位置，另外三分之二利用空白的空间(例如天空)，这样照片的效果会比较有文艺感，同时也会使得主体更具有吸引力。

10.1.3 将手机照片下载到电脑

要将手机中的照片下载到电脑中，可以按下列步骤操作。

01 在手机上登录QQ，然后在手机上的【图库】应用中打开拍摄的照片，点击照片，在屏幕下方显示的工具栏中点击【分享】按钮 ，在打开的对话框中滑动手指翻页，并点击【发送到我的电脑】图标。

02 此时，手机将会把照片发送至电脑端的QQ软件中保存。

03 在电脑上登录QQ，展开【我的设备】选项，双击【我的Android手机】选项。

04 在打开的对话框中右击收到的图片，在弹出的菜单中选择【另存为】命令，即可打开【另存为】对话框将照片文件保存在电脑上。

10.2 照片处理的基本操作

在处理电脑中的数码照片时，使用Photoshop可以帮助用户实现绝大多数照片的编辑与修饰效果。本节将主要介绍Photoshop CC 2017软件的基本图像编辑操作。

10.2.1 新建图像文件

在处理照片时，可以在Photoshop中打开相应的文件。如果需要制作一个新的图像文件，则需要执行【文件】|【新建】命令，或按下Ctrl+N组合键，打开【新建】对话框，设置文件的名称、尺寸、分辨率、颜色模式等参数。

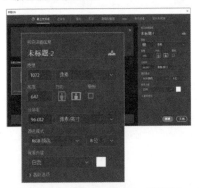

在Photoshop的【新建】对话框中，用户可以选择对话框上方的【照片】选项，使用照片文档预设功能来创建图像文档。

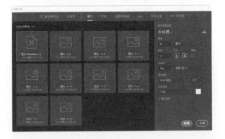

10.2.2 打开与置入文件

在Photoshop中，要打开一个照片文档，可以执行【文件】|【打开】命令，在打开的对话框中选中要打开的文件，然后单击【打开】按钮即可。

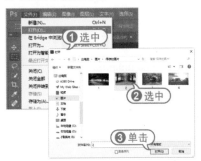

除此之外，Photoshop还有一些其他命令，可以打开图像文档。

🌓 执行【文件】|【Bridge中浏览】命令，可以运行Adobe Bridge，双击一个图片文件，即可将其在Photoshop中打开。

🌓 执行【文件】|【打开为】命令，在打开的【打开为】对话框中选中一个文件并单击【打开】按钮，可以打开所选的文件并设置其文件格式。

🌓 执行【文件】|【打开为智能对象】命令，可以将图像以智能对象的形式打开。

在Photoshop中，置入文件指的是将图片或者任何Photoshop支持的文件作为智能对象添加到当前操作的文档中。执行【文件】|【置入嵌入的智能对象】命令，然后在打开的对话框中选择一个文件即可将其置入到Photoshop中。

【例10-1】使用【置入】功能处理照片，制作一个混合插画。

视频+素材 (光盘素材\第10章\例10-1)

01 启动Photoshop后，选择【文件】|【新建】命令，打开【新建文档】对话框，将【宽度】设置为950像素，将【高度】设置为120像素，将【分辨率】设置为130像素，在【预设详细信息】文本框中输入【网店招牌】，将【背景内容】设置为【白色】，然后单击【创建】按钮。

02 选择【文件】|【置入嵌入的智能对象】命令，打开【置入嵌入对象】对话框后，选择一个图片文件，单击【置入】按钮。

03 此时，Photoshop的舞台中将置入如下图所示的图像。

04 按住鼠标左键拖动舞台中置入的图像，按住图像四周的控制点调整图像的

大小。

05 按下回车键确认对置入图片的设置，此时在软件界面右侧的【图层】面板中将创建一个新的图层，右击该图层，在弹出的菜单中选择【栅格化图层】命令。

06 长按软件界面左侧工具栏中的【选框工具】按钮，在弹出的列表中选择【椭圆选框工具】选项。

07 按住鼠标左键在舞台中绘制一个椭圆选框，然后右击，在弹出的菜单中选择【羽化】命令。

08 打开【羽化选区】对话框，在【羽化半径】文本框中输入30后，单击【确定】按钮。

09 此时，选区效果将如下图所示。

10 按下Ctrl+Shift+I键反选选区。

11 按下Delete键羽化图片，效果如下。

12 再次选择【文件】|【置入嵌入的智能对象】命令，打开【置入嵌入对象】对话框，选择另一个图像后单击【置入】按钮，将图片置入舞台中。

13 再调整图片的大小和位置后，按下回车键，混合插画图片的效果如下。

10.2.3 保存与关闭文件

在Photoshop软件中保存图片文件的方法与Word、Excel等软件基本相同。用户在完成对照片的编辑处理后，执行【文件】|【存储】或【文件】|【存储为】命令，即可保存文件。下面以【例10-1】创建的混合插画图片为例，介绍通过【存储为】命令保存图片的方法。

01 选择【文件】|【存储为】命令(或按下Ctrl+S组合键)，打开【另存为】对话框。

02 在【文件名】文本框中输入图片文件的名称后，在对话框地址栏中设置文件保存的路径，然后单击【保存类型】按钮，在弹出的下拉列表中选择图片文件的保存类型。

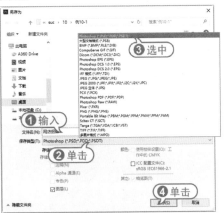

03 最后，单击【保存】按钮，在打开的提示框中单击【确定】按钮即可将图片文件保存。

当图片完成编辑并成功保存后，用户可以使用以下几种方法之一关闭图片文件。

🔘 执行【文件】|【关闭】命令，或按下Ctrl+W组合键，可以关闭当前正在操作的图片文件。

🔘 执行【文件】|【关闭全部】命令，或按下Alt+Ctrl+W组合键，可以关闭Photoshop打开的图片文件。

🔘 执行【文件】|【关闭并转到Bridge】命令，可以关闭当前正在打开的图片文件，并转到Bridge。

10.2.4 使用辅助工具

在使用Photoshop处理手机照片时，常用的辅助工具包括标尺、参考线、网格等。利用这些辅助工具，用户可以进行参考、对齐、对位等图片精细操作。

1 标尺与参考线

标尺在实际工作中经常用于定位图像或元素的位置，从而让用户可以更加精确地处理图像。在Photoshop中，用户可以参考以下方法使用标尺。

01 打开一个图像文件后，选择【视图】|【标尺】命令，或按下Ctrl+R组合键，即可在软件窗口顶部和左侧显示标尺。

02 默认情况下，标尺的原点位于窗口的左上方，用户可以修改原点的位置。方法是：将光标放置在原点上，然后使用鼠标左键拖动原点至合适的位置释放鼠标即可。

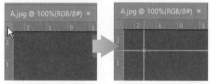

参考线以浮动的状态显示在图像的上方，可以帮助用户精确地定位图形或元素，而在输入和打印图像时，不会被显示出来。

【例10-2】在Photoshop中，通过标尺生成参考线，并由参考线生成切片，将照片切分成多个图片。
🄥视频+素材\(光盘素材\第10章\例10-2)

01 执行【文件】|【打开】命令，打开【打开】对话框，选中一个照片文件后，单击【打开】按钮，在Photoshop中打开该文件。

02 按下Ctrl+R组合键，显示标尺。

03 按住Alt键后向上滑动鼠标滚轮，放大显示图片。按住空格键后，单击鼠标左键拖动，可以改变图片的显示位置。

04 按住Alt键后向下互动鼠标滚轮，缩小显示图片，然后将鼠标放置在舞台上方标尺上，按住左键向下拖动至合适的位置，释放鼠标，即可绘制一个参考线。

05 在软件窗口左侧的工具栏中单击【移动工具】按钮，然后单击舞台中的参考线并按住左键拖动，可以调整参考线的位置。

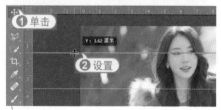

06 重复以上操作，在舞台中创建更多的参考线。

07 如果在创建参考线的过程中，绘制了多余的参考线，可以在选中【移动工具】按钮➕后，使用鼠标左键按住多余的参考线，将其拖动至上方或左侧的标尺上，将其删除。

08 长按软件左侧窗口工具栏中的【剪裁】按钮➡️，在弹出的列表中选择【切片工具】选项。

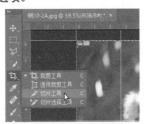

09 在显示的【切片工具属性】工具栏中，单击【基于参考线的切片】按钮。

10 选择【文件】|【导出】|【存储为Web所用格式】命令，在打开的对话框中单击【存储】按钮，打开【将优化结果存储为】对话框，在该对话框中选择一个用于保存切片文件的文件夹，单击【保存】按钮。

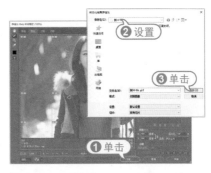

11 完成以上操作后，在步骤10选中的文件夹中将自动创建一个名为images的子文件夹，其中保存着切片后的图片文件。

2 网格

网格主要用于对齐对象。在Photoshop中执行【视图】|【显示】|【网格】命令，在舞台中显示网格。

网格被显示后，用户可以执行【视图】|【对齐】|【网格】命令，启动对齐功能，此后在创建选区或移动图像等操作时，对象将自动对齐到网格上。

网格在默认情况下显示为无法打印的

线条，用户可以按下Ctrl+K组合键，打开【首选项】对话框，选择【参考线、网格和切片】选项卡，自定义网格的颜色、网格线间隔和子网格等属性。

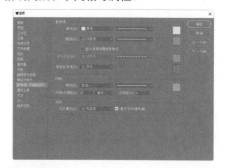

3 对齐

在Photoshop中执行【视图】|【对齐】命令，启动【对齐】功能后，可以精确地控制选区、剪裁选框、切片、形状和路径等的位置。此时，在【视图】|【对齐到】子菜单下可以观察到可对齐的对象包括参考线、网格、图层、切片、文档边界。

◆ 参考线：可以使对象与参考线进行对齐。

◆ 网格：可以使对象与网格进行对齐。网格被隐藏时不能选择该选项。

◆ 图层：可以使对象与图层中的内容进行对齐。

◆ 切片：可以使对象与切片边界进行对齐。切片被隐藏时不能选择该选项。

◆ 文档边界：可以使对象与文档的边缘进行对齐。

◆ 全部：选择所有【对齐到】选项。

◆ 无：取消选择所有【对齐到】选项。

10.2.5 撤销/返回与恢复文件

在使用Photoshop编辑照片时，经常会因为误操作导致图像效果欠佳。此时，用户可以使用撤销或返回所做的步骤，使图像重新进入编辑前的状态。

1 还原与重做

【还原】与【重做】这两个命令是相互关联在一起的。执行【编辑】|【还原】命令或按下Ctrl+Z组合键，可以撤销最近一次对图像的操作，将其还原到上一步操作状态中。

如果需要取消还原操作，可以执行【编辑】|【重做】命令，或按下Alt+Shift+Z组合键。

2 前进一步与后退一步

由于【还原】命令只能够还原一步操作，当用户需要连续还原多个操作时，就需要执行【编辑】|【后退一步】命令，或连续按下Alt+Shift组合键，来逐步撤销操作；如果要取消多个步骤的还原操作，可以连续执行【编辑】|【前进一步】命令，或连续按下Shift+Ctrl+Z组合键来逐步恢复被撤销的操作。

3 恢复

在编辑照片时，执行【文件】|【恢复】命令，可以直接将文件恢复到最后一次保存时的状态，或返回到打开文件时的状态。

4 使用【历史记录】面板

在编辑图像时，每进行一次操作，Photoshop都会将其记录到【历史记录】面板中。用户执行【窗口】|【历史记录】命令，打开【历史记录】面板，在该面板中最下方一条记录为图像的当前操作记录，其上方的记录为图像的历史操作记录，单击其中的记录即可将图像返回到相应的操作状态。

进阶技巧

选中并右击【历史记录】面板中的某一条操作记录，在弹出的菜单中选择【删除】命令，可以清除该操作记录以及该操作记录以后的所有操作。

10.2.6 剪切/复制/粘贴图像

Photoshop软件中的【剪切】、【拷贝】和【粘贴】功能是完全相同的。用户可以利用这些功能，对照片图像执行一些基本的剪切、复制和粘贴操作。

1 剪切与粘贴

在舞台中使用选区工具在图像中创建选区后，执行【编辑】|【剪切】命令，或按下Ctrl+X组合键，可以将选区中的内容剪切到剪贴板中。

剪切图像后，执行【编辑】|【粘贴】命令，或按下Ctrl+V组合键，可以将剪切的

图像粘贴到画布中。

【例10-3】 在Photoshop中，通过【剪切】与【粘贴】，剪切图像中的一部分。

视频+素材 (光盘素材\第10章\例10-3)

01 选择【文件】|【打开】命令，打开一个图像文件后，在窗口左侧工具栏中单击【钢笔工具】按钮 。

02 对需要抠图的区域进行描边，即在商品图片边缘处分别单击，制作如下图所示的效果。

03 按下Ctrl+Enter组合键，选定设置描边的图像区域，然后按下Ctrl+X组合键。

04 选择【文件】|【新建】命令，打开

【新建文档】对话框，创建一个空白文档。

05 按下Ctrl+V组合键，将剪切的选区粘贴至新建的文档中。

06 此时，在新建的文档中将创建一个新的图层。

2 复制与合并拷贝

在图像中创建一个选区后，执行【编辑】|【拷贝】命令，或者按下Ctrl+C组合键，可以将选区中的图像复制到剪贴板中，随后执行【编辑】|【粘贴】命令，或按下Ctrl+V组合键，可以将复制的图像粘贴到画布中，并产生一个新的图层。

3 清除图像

在图像中创建一个选区后，执行【编辑】|【清除】命令，可以清除选区中的图像。如果清除的是"背景"图层上的图像，被清除的区域将填充背景色；如果清除的是非"背景"图层上的图像，则会删除选区中的图像。

【例10-4】在Photoshop中，清除人物照片的背景。

视频+素材 (光盘素材\第10章\例10-4)

01 参考【例10-4】的操作，使用【钢笔工具】 选中照片中人物的边缘后，按下Ctrl+Enter组合键，选定设置描边的图像区域，然后选择【选择】|【反向】命令，选中照片的风景背景。

02 选择【编辑】|【清除】命令，照片的风景背景将被清除，显示白色的填充色。

10.3 修改图像/画布大小

在处理电脑中的数码照片时，经常需要对照片图像的大小进行调整，并将多张照片合成在一个图片中，此时就需要掌握修改图像大小与设置画布的方法。

10.3.1 修改照片图像大小

通常情况下，对于图像而言最重要的属性是尺寸、大小及分辨率。以图像尺寸分别为600像素X600像素与200像素X200像素的同一副照片图片为例做效果对比，尺寸大的图像所占用的电脑硬盘空间也要相对较大一些。

在Photoshop中，执行【图像】|【图像大小】命令，或者按下Alt+Ctrl+I组合

键，打开【图像大小】对话框，在该对话框中用户可以修改图像的像素大小、分辨率和比例等参数。

更改图像的像素大小不仅会影响图像在屏幕中的大小，还会影响图像的质量及其打印特性(图像的打印尺寸和分辨率)。

【例10-5】使用Photoshop调整照片的尺寸、分辨率和比例。

视频+素材 (光盘素材\第10章\例10-5)

01 选择【文件】|【打开】命令，打开一个图像文件后，选择【图像】|【图像大小】命令，或按下Alt+Ctrl+I组合键，打开【图像大小】对话框。

02 在【图像大小】对话框中的【宽度】和【高度】文本框中可以观察到图像的宽度和高度值为605和602像素。重新设置，将【宽度】设置为302像素，将【高度】设置为301像素，然后单击【确定】按钮。

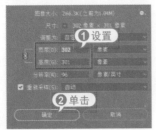

03 此时，舞台中图像的大小将会发生明显的变化，效果如下图所示。

04 如果在【图像大小】对话框中将【分辨率】设置为196像素，【宽度】和【高度】中的设置将随之发生变化。单击【确定】按钮后舞台中的图像将会相应地变大。

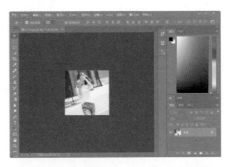

05 在【图像大小】对话框中取消【约束比例】按钮的选中状态，然后修改图像的【宽度】和【高度】参数，可以使图像发生变形，如下图所示。

10.3.2 修改图像画布大小

画布指的是整个图像文档的工作区域。选择【图像】|【画布大小】命令，打开【画布大小】对话框。在该对话框中，用户可以对画布的宽度、高度、定位和画布扩展延伸进行调整。

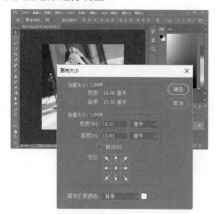

在【画布大小】对话框中，比较重要的选项说明如下。

🔹 当前大小：该选项组下显示的是图像文档的实际大小，以及图像的宽度和高度的实际存储。

🔹 新建大小：指的是修改画布尺寸后的大小。当输入的【宽度】和【高度】参数大于原始画布的尺寸时，会增加画布大小。反之则会裁切超出画布区域的图像。

🔹 相对：当选中该复选框时，【宽度】和【高度】参数代表实际增加或减少的区域的大小，而不再代表整个文档的大小。如果输入正值就表示增加画布，例如设置【宽度】为10厘米就在宽度方向上增加10厘米；如果输入的是负值就表示减少画布，例如设置【高度】为-10厘米，那么画布就在高度方向上减少10厘米。

🔹 定位：用于设置当前图像在新画布上的位置。

🔹 画布扩展颜色：指的是填充画布的颜色。如果图像的背景是透明的，那么该选项将显示为不可用，新增加的画布也是透明的。

- -

【例10-6】在Photoshop中打开一个图像，设置增大画布的大小，并使打开的图像位于画布的左上角。

💿 视频+素材 (光盘素材\第10章\例10-6)

◀ -

01 选择【文件】|【打开】命令，打开一个照片文件。

02 选择【图像】|【画布大小】命令，打开【画布大小】对话框，选中【相对】复选框，在【宽度】和【高度】文本框中输入10，单击【定位】选项区域中左上角箭头↖，将【画布扩展颜色】设置为【灰色】。

03 单击【确定】按钮后，舞台中的画布效果如下图所示。

10.3.3 裁剪与裁切图像

裁剪图像指的是移去部分图像，以提出或加强图像构图效果。裁切图像指的是在Photoshop中基于图像中像素的颜色来裁剪图像。

1 裁剪图像

在Photoshop中选择【裁剪工具】。后，在舞台中调整裁剪框，可以确定图像需要保留的部分，或拖动出一个新的裁剪区域，按下回车键完成裁剪。

按住【裁剪工具】，在弹出的列表中选择【透视裁剪工具】选项，可以在需要裁剪的图像上制作出带有透视感的裁剪框，方法如下。

01 选择【透视裁剪工具】选项后，在舞台中按住鼠标左键拖动，绘制一个裁剪框。

02 将鼠标光标定在裁剪框的控制点上，单击并向上拖动。完成后，单击窗口右上角的【提交当前裁剪操作】按钮 ✓。

提交当前裁剪效果

03 此时，图像的裁剪效果如下图所示。

2 裁切图像

选择【图像】|【裁切】命令，打开【裁切】对话框，用户可以基于像素的颜色来裁剪图像。其中主要的选项说明如下。

🔹 **透明像素**：可以裁剪掉图像边缘的透明区域，只将非透明像素区域的最小图像保留下来(该选项只有图像中存在透明区域时才可用)。

🔹 **左上角像素颜色**：从图像中删除左上角像素颜色区域。

🔹 **右下角像素颜色**：从图像中删除右下角像素颜色区域。

🔹 **顶/底/左/右**：修正图像区域的方式。

10.4 设置旋转画布

在Photoshop中执行【图像】|【图像旋转】命令后，在弹出的子菜单中提供了一些旋转画布的子命令，包括【180度】、【90度(顺时针)】、【90度(逆时针)】、【任意角度】、【水平翻转画布】和【垂直翻转画布】等。利用这些命令，用户可以翻转或旋转照片，创造出不同效果的图像。

在将手机中的照片导入电脑后，有时照片的方向会出现颠倒或错误。这时，我们可以利用Photoshop中的【图像】|【旋转图像】子菜单命令，来解决这个问题。

01 选择【文件】|【打开】命令，在打开的对话框中选择照片文件，然后单击【打开】按钮，打开一个方向是颠倒的照片。

03 如果用户需要照片中的模特向右看而不是向左看，还可以选择【图像】|【图像旋转】|【水平翻转画布】命令将人像的头部方向调整到左边。

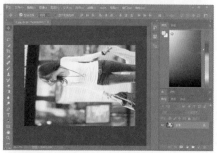

02 选择【图像】|【图像旋转】|【顺时针90度】命令，此时照片的方向将旋转，如下图所示。

10.5 图像的变换与变形

移动、旋转、缩放、扭曲、斜切等是处理图像的常用方法。其中移动、旋转和缩放称为变换操作，而扭曲和斜切称为变形操作。通过执行【编辑】菜单中的【自由变换】和【变换】命令，可以改变照片图像的形状。

在Photoshop中执行【编辑】|【自由变换】命令或执行【编辑】|【变换】命令时，当前被选中的对象周围将出现一个变换的定界框。

定界框的中间有一个中心点，四周还有控制点。在默认情况下，中心点位于变换对象的中心，用于定义对象的变换中心，拖动中心点可以移动它的位置，控制点主要用于变换图像。

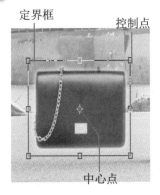

定界框　　　控制点

中心点

10.5.1 移动图像

移动工具是处理图像时最常用的工具之一。无论是在舞台中移动图层、选区中的图像，还是将其他文档中的图像拖动到当前文档，都需要使用移动工具。

【例10-7】将一张"皮包"图像移动到照片中。

视频+素材 (光盘素材\第10章\例10-7)

01 选择【文件】|【打开】命令，在Photoshop中打开如下图所示的两张图像。

02 选中皮包图像，在窗口左侧的工具栏中单击【钢笔工具】按钮，并使用该工具对皮包的外边缘进行描画。

03 选择【窗口】|【路径】命令，打开【路径】面板，选择【工作路径】选项。在【路径】面板中单击【路径】按钮，将路径转换为选区。

04 在工具栏中单击【移动工具】按钮。单击路径围起来的图像，将其拖动到打开的照片图像上。

05 将图片移动至照片图像中后，继续使用移动工具，按住鼠标左键拖动，可以调整选中图像的位置。

10.5.2 变换图像

在Photoshop中执行【编辑】|【变

换】命令后，在弹出的子菜单中用户可以对图层、路径、矢量图形以及选区中的图像进行变换操作，包括缩放、旋转、斜切、扭曲、透视、变形等。

1 缩放

使用【缩放】命令可以相对于变化对象的中心点对图像进行缩放。如果不按下任何快捷键，用户可以任意缩放图像；如果按住Shift键，可以等比缩放图像；如果按Shift+Alt组合键，可以以中心点为基准等比例缩放图像。

2 旋转

使用【旋转】命令可以围绕中心点转动变换对象。如果不按下任何快捷键，用户可以以任意角度旋转图像；如果按住Shift键，可以用15°为单位旋转图像。

3 斜切

使用【斜切】命令可以在任意方向、垂直方向或水平方向上倾斜图像。如果不按任何快捷键，可以在任意方向上倾斜图像；如果按住Shift键，可以在垂直或水平方向上倾斜图像。

4 扭曲

使用【扭曲】命令可以在任意方向上伸展变换对象。如果不按任何快捷键，可以在任意方向上扭曲图像；如果按住Shift键，可以在垂直或水平方向上扭曲图像(效果与上图类似)。

5 透视

使用【透视】命令可以对变换对象应用单点透视。拖动定界框4个角上的控制点，可以在水平或垂直方向上对图像应用透视。

6 变形

如果用户需要对图像的局部内容进行变形，可以使用【变形】命令。执行该命令时，图像将会出现变形网格和锚点，拖动锚点或调整锚点的方向线可以对图像进行更加自由和灵活地变形处理。

10.5.3 自由变换

【自由变换】命令其实是【变换】命令的加强版。该命令可以在一个连续的操作中应用旋转、缩放、斜切、扭曲、透视和变形，并且不必选取其他变换命令。如果是变换路径，【自由变换】命令将自动切换为【自由变换路径】命令；如果是变换路径上的锚点，【自由变换】命令将自动切换为【自由变换点】命令。

10.6 操作与设置选区

在Photoshop中处理图像时，经常需要针对局部效果进行调整，通过选择特定的区域，可以对该区域进行编辑并保持未选定区域不变。此时，就需要为图像设定一个有效地编辑区域，这个区域就是"选区"。

10.6.1 制作选区

Photoshop中包含多种用于制作选区的工具和命令，不同图像需要使用不同的选择工具来制作选区。

1 利用选框制作选区

对于比较规则的圆形或方形对象，用户可以使用选框工具组。该工具组是Photoshop中最常用的选区工具，适合于形状比较规则的图案(例如圆形、椭圆形、正方形、长方形等)。例如，右图所示的图像中就可以使用矩形选区进行选择。

2 利用路径制作选区

Photoshop中的钢笔工具 属于典型

的矢量工具，通过该工具用户可以绘制出平滑或者尖锐的任何形状路径，绘制完成后按下Ctrl+Enter组合键可以将其转换为相同形状的选区。

3　利用色调制作选区

魔棒工具、快速选择工具、磁性套索工具和色彩范围命令都是基于色调之间的差异来创建选区。如果用户需要选择的对象与背景之间的色调差异比较明显，就可以使用这些命令来进行选择。例如，下图所示为使用磁性套索工具将前景对象抠选出来。

4　利用通道制作选区

通道抠图主要指利用具体图像的色相差别或者明度差别建立选区。通道抠图法非常适合于半透明与毛发类对象选区的制作。如果用户要选择毛发、婚纱、烟雾、玻璃以及具有运动模糊效果的对象，使用前面介绍的工具很难保留精细的半透明选区，这时就需要使用通道来进行抠图。

【例10-8】在Photoshop中利用通道从图像中抠图。

视频+素材 (光盘素材\第10章\例10-8)

01 选择【文件】|【打开】命令，打开素材图片后，按下Ctrl+J组合键复制背景图层。

02 切换到【通道】面板，右击【红】通道，在弹出的菜单中选择【复制通道】命令，打开【复制通道】对话框单击【确定】按钮，复制图层。

03 选择【图像】|【调整】|【色阶】命令，打开【色阶】对话框。将【输入色阶】选项区域中的黑色滑块向右移动，然后单击【确定】按钮。

04 在窗口右侧的工具栏中单击【快速选择工具】按钮 ⚡，然后在人物图像上单击，把照片中的人物框选到选区中。

05 选择【选择】|【反选】命令，然后在【通道】面板中选择RGB通道。

06 按下Delete键，切换到【图层】面板，右击【背景】图层，在弹出的菜单中选择【删除图层】命令，删除该图层。

07 此时，照片图像中人物的抠图效果如下图所示。

10.6.2 操作选区

选区作为一个非实体对象，用户也可以对其进行运算(例如新选区、添加到选区、从选区减去与选区交叉等)、全选与反选、取消选择与重新选择、移动与变换、存储与载入等操作。

1 选区的运算

如果当前图像中包含有选区，在使用任何选框工具、套索工具或魔棒工具创建选区时，窗口顶部的选项栏中就会出现选区运算的相关工具。

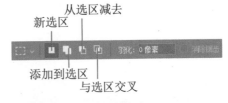

● 新选区：选中该按钮后，可以创建一个新的选区。如果舞台中已经存在选区，那么创建选区将替代原来的选区。

● 添加到选区：选中该按钮后，可以将当前创建的选区添加到原来的选区中(在激活"新选区"状态下，按住Shift键也可以实现相同的操作)。

● 从选区减去：选中该按钮后，可以将当前创建的选区从原来的选区中减去(按住Alt

键也可以实现相同的操作)。

🔵 与选区交叉：选中该按钮后，新建选区时只保留原有选区与新创建的选区相交的部分(按住Alt+Shift组合键也可以实现相同的操作)。

下面以矩形选框工具为例，介绍执行各种选区运算方法的方法。

01 打开图像文件后，在窗口左侧的工具栏中选中【矩形选框工具】按钮▣。按住鼠标左键，在图像中创建如下图所示的选区。

02 按住Shift键，在图像上拖动鼠标，可以绘制第二个矩形选区。

03 按住Shift+Alt组合键，在图形中两个选区中绘制第三个选区。

04 释放鼠标后，新的选区将选中3个选区

交叉的部分。效果如下图所示。

05 按住Alt键，在选区中绘制一个选区，绘制的选区将会被从图像中已有的选区中减去。

2 全选与反选

全选图像常用于复制整个文档中的图像。执行【选择】|【全部】命令，或按下Ctrl+A组合键，可以选择当前图像文档边界内的所有图像。

创建选区后，执行【选择】|【反选】命令，或按下Shift+Ctrl+I组合键，可以选择反向的选区，也就是选择图像中没有被选择的部分。

3 取消选择与重新选择

创建选区后，执行【选择】|【取消选择】命令或按下Ctrl+D组合键，可以取消选区的选择状态。如果要恢复被取消的选区，可以执行【选择】|【重新选择】命令。

4 移动选区

使用选框工具创建选区时，在释放鼠标之前，按住空格键拖动光标，可以移动选区。将鼠标指针放置在选区中，按住鼠标左键拖动也可以移动选区。

5 变换选区

变换选区的操作与【自由变换】操作非常类似，都能够进行移动、旋转、缩放、斜切、扭曲等操作，方法如下。

01 打开图像文件后，在窗口左侧的工具栏中选中【椭圆选框工具】按钮■。按住鼠标左键，在图像中创建如下图所示的选区。

02 将鼠标指针放置在选区中，然后按住鼠标左键拖动，调整选区在图像中的位置。

03 选择【选择】|【变换选区】命令，在选区四周显示方形定界框，然后右击该定界框，在弹出的菜单中选择【旋转】命令。

04 调整界定框四周的控制点，旋转定界

框的位置。

05 重复步骤03的操作，右击定界框，在弹出的菜单中选择【缩放】命令，缩放定界框的大小，选择【变形】命令，调整定界框的形状。

06 按下回车键，即可创建效果如下图所示的选区。

10.6.3 编辑选区

选区的编辑包括创建边界选区、扩展与收缩选区、平滑选区、羽化选区等。熟练地掌握这些操作，对于快速选择照片图像上的选区非常重要。

1 创建边界选区

在图像中创建选区后，执行【选择】|

【修改】|【边界】命令，可以将选区的边界向内或者向外进行扩展，扩展后的选区边界将与原来的选区边界形成新的选区。

2 扩展与收缩选区

选区执行【选择】|【修改】|【扩展】命令，可以将选区向外进行扩展。如果要向内收缩选区，可以执行【选择】|【修改】|【收缩】命令。

3 平滑选区

对选区执行【选择】|【修改】|【平滑】命令，可以将选区进行平滑处理。

4 羽化选区

羽化选区是通过建立选区和选区周围像素之间的转换边界来模糊边缘，这种模糊方式将丢失选区边缘的一些细节。对选区执行【选择】|【修改】|【羽化】命令，或按Shift+F6组合键，在打开的【羽化选区】对话框中设定【羽化半径】参数，即可得到选区羽化效果。

10.6.4 填充选区

利用【填充】命令，可以在当前图层或选区内填充颜色或图案，同时也可以设置填充时的不透明度和混合模式。执行【编辑】|【填充】命令，或按下Shift+F5组合键，可以打开【填充】对话框。

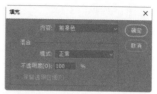

在【填充】对话框中，用户可以设置选区的填充效果，其中比较重要的选项功能说明如下。

💧 内容：用于设置填充的内容，包括前景色、背景色、颜色、内容识别、图案、历史记录、黑色、50%灰色和白色。下图所示为使用图案填充选区后的效果。

💧 模式：用于设置选区填充内容的混合模式。

💧 不透明度：用于设置填充内容的不透明度。

💧 保留投影区域：选择该复选框后，只填充图层中包含像素的区域，而透明区域不会被填充。

10.6.5 描边选区

使用【描边】命令可以在选区、路径或图层周围创建彩色或者花纹边框效果。

【例10-9】使用Photoshop为照片添加一个绿色的边框。

🎬 视频+素材 (光盘素材\第10章\例10-9)

01 选择【文件】|【打开】命令，打开照片文件。在工具栏中单击【矩形边框工具】按钮█，按下Ctrl+A组合键选中图片边框。

02 选择【编辑】|【描边】命令，打开【描边】对话框，在【宽度】文本框中输入【20像素】，然后单击【颜色】按钮。

03 打开【拾色器】对话框设置描边的颜色为【绿色】后，单击【确定】按钮。

04 返回【描边】对话框，单击【确定】按钮，即可为图片添加边框。

10.7　设置照片颜色

任何图像都离不开颜色。使用Photoshop的画笔、文字、渐变、填充、蒙版、描边等工具修饰图像时，都需要设置相应的颜色。

10.7.1　设置前景色与背景色

在Photoshop中，前景色通常用于绘制图像、填充和描边选区等；背景色常用于生成渐变填充和填充图像中已抹除的区域。

【例10-10】使用Photoshop修改证件照片的背景色。

视频+素材（光盘素材\第10章\例10-10）

01 在窗口左侧的工具栏中单击【磁性套索工具】按钮█，并使用该工具对照片中的人像外边缘进行描画。

02 选择【选择】|【反选】命令。

03 按下Delete键，打开【填充】对话框，单击【内容】选项，在弹出的列表中选择【背景色】选项，然后单击【确定】按钮。

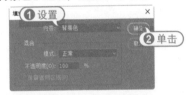

04 单击窗口左侧工具栏底部的█按钮下方的图块，在打开的【拾色器】窗口中将背景颜色设置为【红色】。

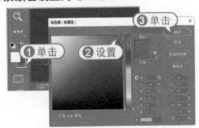

05 单击【确定】按钮后，照片的背景颜色设置效果如下图所示。

06 重复步骤01和02的操作创建选区后，单击窗口左侧工具栏底部的█按钮上方的图块，在打开的【拾色器】窗口中将前景色设置为【蓝色】。

07 按下Alt+Delete键，为选区应用前景色填充，效果如下图所示。

10.7.2 使用拾色器选取颜色

在Photoshop中经常用【拾色器】来设置颜色。在拾色器中，用户可以选择HSB、RGB、Lab和CMYK这4种模式来指定颜色。

● 色域/所选颜色：在色域中拖动鼠标可以改变当前拾取的颜色。

● 新的/当前：【新的】颜色块中显示的是当前所设置的颜色；【当前】颜色块中显示的是上一次使用过的颜色。

● 溢色警告：由于HSB、RGB以及Lab颜色模式中的一些颜色在CMYK印刷模式中没有等同的颜色，所以无法准确地打印出来，这些颜色就是常说的溢色。出现警告后，可以单击警告图标下面的小颜色块，将颜色替换为CMYK颜色中与其最接近的颜色。

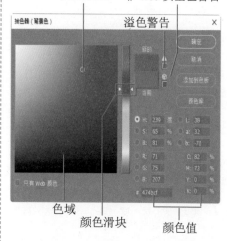

● 非Web安全色警告：这个警告图标表示当前所设置的颜色不能在网络上准确显示出来。单击警告图标下方的小颜色块，可以将颜色替换为与其最接近的Web安全颜色。

● 颜色滑块：拖动颜色滑块可以更改当前可选的颜色板。在使用色域和颜色滑块调整颜色时，对应的颜色数值会发生相应的变化。

● 颜色值：显示当前所设置颜色的数值，可以通过输入数值来设置精确的颜色。

● 只有Web颜色：选择该选项以后，只在色域中显示Web安全色。

● 颜色库：单击该按钮可以打开【颜色库】对话框。

10.7.3 使用吸管工具选取颜色

使用Photoshop窗口左侧工具栏中的吸管工具 ✐，可以拾取图像中的任意颜色作为前景色，按住Alt键进行拾取可以将当前选区的颜色作为背景色。

10.8 修复照片图像

在拍摄照片时，很多元素都是"一次成型"的，不仅对操作人员以及设备提出了很高的要求，并且诸多问题瑕疵都是在所难免的。Photoshop图像数字化处理则可以解决这个问题。

10.8.1 处理照片中的瑕疵

在Photoshop中使用仿制图章工具，可以将图像的一部分绘制到同一图像的另一个位置上，从而处理照片中的瑕疵，方法如下。

01 选择【文件】|【打开】命令，打开照片文件后，按下Ctrl+【+】组合键，放大照片。

02 在工具栏中单击【仿制图章】按钮 🖋，按住Alt键，在图片上没有裂痕并且效果合适的位置单击，定义作为源的点。

10.8.2 消除照片中的污点

使用污点修复工具可以消除图像中的某个对象(它可以自动从所修饰区域的周围进行取样)，从而处理照片中的污点，方法如下。

01 选择【文件】|【打开】命令，打开【打开】对话框，打开需要处理的照片文件。按下Z快捷键启用放大功能，在图片中需要处理的位置单击放大图片。

03 松开Alt键，单击修复需要调整的位置。使用同样的方法，完成对照片上瑕疵的调整，然后按下Ctrl+【-】组合键缩小显示图片，效果如下图所示。

02 在工具栏中单击【污点修复画笔工具】按钮 ✏️。在Photoshop窗口顶部的选项区域中设置污点修复画笔工具的大小，并选中【近似匹配】单选按钮。

03 按住Alt键在图片效果较好的位置单击，以定义其作为源点，然后松开Alt键，单击需要修复的位置。

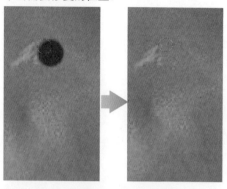

04 重复以上操作完成照片的调整，按下Ctrl+【-】组合键缩小显示图片。

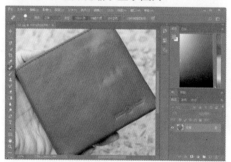

10.8.3 修复照片中的残缺

与仿制图章工具类似，修复画笔工具同样可以修复图像中的瑕疵。修复画笔工具也可以用图像中的像素作为样本进行绘制。与仿制图章工具不同的是，修复画笔工具还可以将样本像素的纹理、光照、透明度和阴影与所修复的像素进行匹配，使用方法如下。

01 选择【文件】|【打开】命令，打开需要处理的图像，按下Z快捷键，在图片中需

要处理的位置单击放大图片。

02 单击窗口左侧工具栏中的【修复画笔工具】按钮 ✏️。

03 按住Alt建，单击取样图像中人物头顶部的皮肤。

04 释放Alt键，在照片中人物额头上单击、涂抹，最终处理结果如下图所示。

10.8.4 去掉图像中的水印

使用修补工具可以利用样本或图案来修复所选图像区域中不理想的部分(例如水印)，具体操作方法如下。

01 选择【文件】|【打开】命令，打开需要处理的照片，单击窗口左侧工具栏中的【修补工具】按钮。

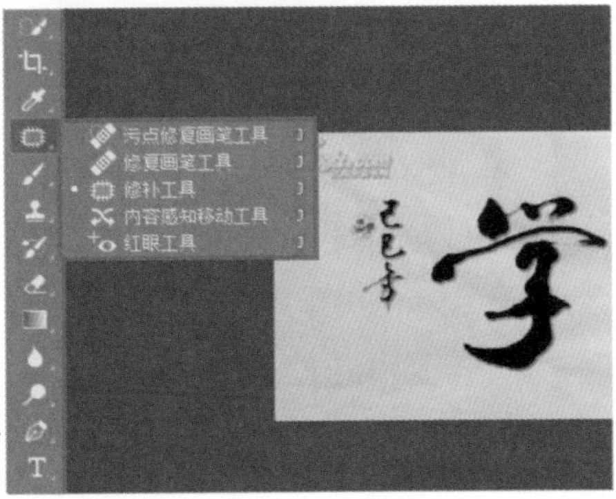

02 使用修补工具，沿着照片中水印的边缘绘制选区。

03 将鼠标光标置于选区中，使用鼠标左键按住选区向左或者向右拖动，当选区中不再显示文字时释放鼠标。

04 按下Ctrl+D组合键取消选区，即可消除图像中的水印。

10.9 进阶实战

本章的实战部分将通过实例操作，介绍使用手机拍照和使用Photoshop处理照片效果的方法和技巧，帮助用户进一步巩固所学的知识。

10.9.1 使用手机拍摄人物

在用手机拍摄人物的时候，先要了解手机镜头的特性。

手机是一个有固定光圈的定焦头，和单反相机的定焦头不一样，手机的定焦头不可以改变光圈的大小。同样的光圈，手机拍摄物体和单反所拍的物体在同一焦段下其焦外虚化能力要弱得多。如果近距离拍摄一个物体，例如手机和单反都距离物体20cm，或许能达到相同的景深效果。一旦物体离镜头足够远，那手机的缺陷就暴露无遗，在远景深上面，手机无法和单反相比。

另外，手机在景深上面和单反相机也差了不止一个量级。同样是一个杂乱无章的背景，单反拍摄景深很浅，主体人物突出，而手机拍摄的景深很大，人物几乎和背景融为一体。

综上所述，既然人物离手机太远的情况下手机无法达到单反相机的浅景深效果，那么在拍摄人物就应当使用一些构图的技巧，以弥补设备的不足。

1 寻找干净的背景

如果背景不够干净的话，在拍摄人物的时候，观众的视线容易被其他物体所吸引。下图所示的天空、地面、标志牌，整体来说有3个颜色分明的色块，这样使得人特别突出，没有其他颜色的干扰。

2 利用色彩的反差

在干净的背景之下，利用色彩反差可以很好地吸引观众的视线，例如穿的衣服和背景有极大的反差，人物可以特别突出。

3 借助框架

在拍摄人物时，利用框架能够很好地形成透视效果，同时能够较好地交代前后的人物和背景的前后距离。

4 选择合适的光源

在拍摄人物照片时，寻找一个合适的光源加以充分利用能够使拍摄的人物生动（但应注意光源必须打在人物脸部或整个身体上）。

5 使用合适的前景

简洁美观的前景能够给人物拍摄锦上添花，更能够遮挡掉一些没有必要的杂乱背景。

10.9.2 快速擦除照片背景

【例10-11】使用Photoshop修改证件照片的背景色。

（视频+素材）(光盘素材\第10章\例10-11)

01 选择【文件】|【打开】命令，打开需要处理的照片文件后，在【图层】面板中按住Alt键双击【背景】图层，将其转换为普通图层。

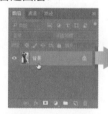

02 单击窗口左侧工具栏中的【吸管工具】按钮，在照片中的人物上单击，设置前景色。

03 单击窗口右侧工具栏中的【背景橡皮擦工具】按钮，在窗口顶部显示的工具

栏中选中【保护前景色】复选框，并单击
【取样：一次】按钮。

05 参考以上方法删除照片的背景，效果
如下图所示。

04 返回到图像，从人物边缘进行涂抹，
可以看到背景部分变为透明，而人物被保
留下来。

10.10 疑点解答

● 问：如何设为照片添加文字水印，防止照片在网络中发布后被他人盗用？

答：为照片添加文本水印的方法是如下。启动Photoshop选择【文件】|【打开】命
令，打开照片文件。在工具栏中单击【横排文字工具】按钮，然后在照片上合适的位置
单击，输入在照片中需要添加的水印文字。接下来，在Photoshop窗口顶部的选项区域中
设置输入文本的字体格式，在【图层】面板中双击文字图层，打开【图层样式】对话框，
选择【混合选项:自定】选项，设置水印文本的【填充不透明度】参数，在工具栏中选择
【移动工具】按钮，选择字体图层，将水印移动至合适的位置。最后，选择【文件】|【存
储】命令，将图片文件保存即可。

第11章

电脑的维护与优化

在日常的生活与工作中，定期使用软件检查电脑的安全状态并对电脑进行合理的维护与优化，不仅能够保证电脑的正常运行，还能够提高电脑的性能，使电脑时刻处于最佳工作状态。

对应光盘视频

例11-1 清理电脑磁盘空间
例11-2 整理电脑磁盘碎片
例11-3 执行磁盘错误检查
例11-4 设置防火墙访问规则
例11-5 关闭与启动自动更新
例11-6 设置自动更新的时间

例11-7 查杀电脑病毒
例11-8 创建系统还原点
例11-9 还原Windows操作系统
例11-10 关闭正在运行的程序
例11-11 自定义开机启动项
本章其他视频文件参见配套光盘

11.1 维护电脑操作系统

操作系统是电脑运行的软件平台，系统的稳定直接关系到电脑的操作。下面主要介绍电脑操作系统的日常维护，包括清理垃圾文件、整理磁盘碎片以及启用系统防火墙等。

11.1.1 清理磁盘空间

系统在使用过一段时间后，会产生一些垃圾冗余文件，这些文件会影响到电脑的性能。磁盘清理程序是Windows 10自带的用于清理磁盘冗余内容的工具。

【例11-1】在Windows 10中，使用磁盘清理程序清理E盘的冗余文件，删除"Windows升级日志文件"和"临时Windows安装文件"。视频

01 双击系统桌面上的【此电脑】图标，在打开的窗口右击E盘，在弹出的菜单中选择【属性】命令。

02 在打开的对话框中单击【磁盘清理】按钮。

03 打开【磁盘清理】对话框，在【要删除的文件】列表中选择需要清理的文件，

然后单击【确定】按钮，在系统打开的提示对话框中单击【删除文件】按钮。

04 此时系统将会删除E盘中被指定需要清理的文件。

11.1.2 整理磁盘碎片

在使用电脑进行创建、删除文件或者安装、卸载软件等操作时，会在硬盘内部产生很多磁盘碎片。碎片的存在会影响系统往硬盘写入或读取数据的速度，而且由于写入和读取数据不在连续的磁道上，也加快了磁头和盘片的磨损速度，所以定期清理磁盘碎片，对用户的硬盘保护有实际意义。

【例11-2】在Windows 10中，使用系统自带的功能整理磁盘碎片。视频

01 双击Windows 10系统桌面上的【此电脑】图标，在打开的窗口中选中一个磁盘驱动器。

02 选择【管理】选项卡，在【管理】组中单击【优化】选项。

03 打开【优化驱动器】窗口,在【驱动器】列表中选中E盘后,单击【优化】按钮。

04 此时,系统会对E盘进行碎片情况分析。稍等片刻后,即可开始清理磁盘。

知识点滴

另外,为了省去手动进行磁盘碎片整理的麻烦,用户可设置让系统自动整理磁盘碎片,在【优化驱动器】窗口中单击【启动】按钮,在打开的对话框中用户可预设磁盘碎片整理的时间。

11.1.3 磁盘查错

用户在进行文件的移动、复制、删除等操作时,磁盘可能会产生坏的扇区。这时可以使用系统自带的磁盘查错功能来修复文件系统的错误以及修复坏的扇区。

【例11-3】在Windows 10系统中执行磁盘错误检查。 🎬视频

01 打开【此电脑】窗口,右击需要执行磁盘错误检查的驱动器,在弹出的菜单中选择【属性】命令。

02 在打开的对话框中选择【工具】选项卡,然后单击【检查】按钮。

03 打开【错误检查】对话框,单击【扫描驱动器】选项即可。

04 查错完成后,用户可以在自动打开的查错报告对话框里查看详细查错报告。

11.1.4 设置Windows防火墙

Windows 10防火墙具备监控应用程序入站和出站规则的双向管理功能,同时配合Windows 10网络配置的文件,它可以保护不同网络环境下的电脑安全。

1 打开与关闭防火墙

在Windows 10系统中,用户可以参考以下方法,打开或关闭防火墙。

01 右击任务栏左侧的开始按钮▦(或按下Win+X组合键),在弹出的菜单中选择【控制面板】命令。

02 打开【控制面板】窗口,单击【系统和安全】选项,在打开的窗口中单击【Windows防火墙】选项。

03 打开【Windows防火墙】窗口，一般情况下，Windows防火墙是默认打开的，如果用户需要关闭防火墙，可以单击窗口左侧的【启用或关闭Windows防火墙】选项。

04 打开【自定义设置】窗口，用户可以设置在共用网络和专用网络上启动或关闭Windows防火墙(选择相应的单选按钮即可)，完成设置后单击【确定】按钮。

2 在防火墙中设置访问规则

在Windows 10中启动了防火墙后，用户可以参考以下方法在防火墙中设置简单的访问规则。

【例11-4】在Windows 10系统中设置防火墙的软件访问规则。 视频

01 打开【Windows防火墙】窗口后，单击窗口左侧的【允许应用或功能通过Windows防火墙】选项。

02 打开【允许的应用】窗口，在【允许的应用和功能】列表中，可查看电脑中

的软件对应的网络配置文件复选框。程序前的选中状态意味着允许联网，后面的复选框表示在"专用"还是在"公用"中允许。

03 如果用户对于应用程序不了解，可以选中应用程序后，单击【详细信息】按钮。在打开的对话框中，显示了程序详细的信息，方便用户了解该程序的作用。

04 如果列表中没有用户需要控制的软件，可以通过单击【允许其他应用】按钮，进行添加。

05 打开【添加应用】对话框，单击【浏览】按钮打开【浏览】对话框选择需要添加的应用。

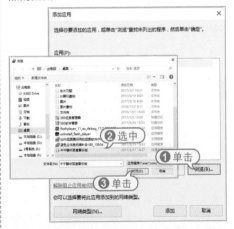

06 在【浏览】对话框中单击【打开】按

钮，返回【添加应用】对话框后单击【添加】按钮，即可将软件添加至【允许的应用】窗口中的列表内。

07 双击添加在列表中的软件，在打开的对话框中可以查看软件的名称和路径，单击【网络类型】按钮，可以打开【选择网络类型】对话框设置允许软件访问网络的类型(包括"专用"与"公用"网络)。

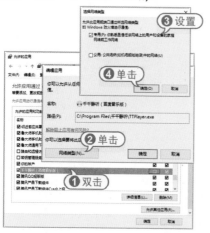

08 如果不想将软件通过Windows防火墙，可以在【允许的应用】窗口中选中该软件后，单击【删除】按钮直接将其删除。

11.1.5 设置Windows自动更新

用户可以通过启用与设置【自动更新】功能，来完善Windows系统的缺陷，从而确保系统免受病毒的攻击。

1 关闭与启动自动更新

一般Windows 10操作系统的自动更新功能都是开启的，如果关闭了，用户也可以手动将其开启。

【例11-5】在Windows 10系统中了解关闭与启动【自动更新】的方法。 📹视频

01 右击任务栏左侧的开始按钮■(或按下Win+X组合键)，在弹出的菜单中选择【运行】命令。

02 打开【运行】对话框，在【打开】文本框中输入"services.msc"后单击【确定】按钮。

03 打开【服务】窗口，找到并双击Windows Update项，在打开的对话框中显示Windows自动更新的状态，单击【停止】按钮，可以关闭自动更新。自动更新关闭后，单击【启动】按钮，则可以重新启动更新。

2 设置自动更新

用户可对自动更新进行自定义，例如设置自动更新的频率、设置哪些用户可以进行自动更新等。下面举例来说明如何设置自动更新。

【例11-6】设置自动更新的时间段为18点至23点。 📹视频

01 单击任务栏左侧的开始按钮■(或按下

Win+X组合键），在弹出的菜单中选择【设置】选项打开【Windows设置】窗口，单击【更新和安全】选项。

中单击【更改使用时段】选项。

03 打开【使用时段】对话框，设置开始时间和结束时间后，单击【保存】按钮。

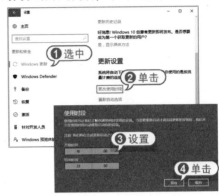

02 打开【设置】窗口，选择【Windows更新】选项，然后在窗口右侧的选项区域

11.2 防范电脑病毒

电脑在为用户提供各种服务与帮助的同时也存在着危险，各种电脑病毒、流氓软件、木马程序时刻潜伏在各种载体中，随时可能会危害电脑的正常工作。因此，用户在使用电脑时，应为电脑安装杀毒软件与防火墙，并进行相应的电脑安全设置，以保护电脑的安全。

11.2.1 电脑病毒简介

所谓电脑病毒，在技术上来说，是一种会自我复制的可执行程序。对电脑病毒的定义可以分为以下两种：一种定义是通过磁盘、磁带和网络等作为媒介传播扩散，会"传染"其他程序的程序；另一种是能够实现自身复制且借助一定的载体存在的具有潜伏性、传染性和破坏性的程序。

因此，确切地说电脑病毒就是能够通过某种途径潜伏在电脑存储介质（或程序）里，当达到某种条件时即被激活的具有对电脑资源进行破坏作用的一组程序或指令集合。

1 电脑感染病毒后的症状

如果电脑感染上了病毒，用户如何才能得知呢？一般来说，感染上了病毒的电脑会有以下几种症状。

- 程序载入的时间变长。
- 平时运行正常的电脑变得反应迟钝，并会出现蓝屏或死机现象。
- 可执行文件大小发生不正常变化。
- 对于某个简单的操作，可能会花费比平时更多的时间。
- 开机出现错误的提示信息。
- 系统可用内存突然大幅减少，或者硬盘的可用磁盘空间突然减小，而用户却并没有放入大量文件。
- 文件的名称或是扩展名、日期、属性被系统自动更改。
- 文件无故丢失或不能正常打开。

2 电脑病毒的预防措施

在使用电脑的过程中，如果用户能够掌握一些预防电脑病毒的小技巧，那么就可以有效地降低电脑感染病毒的几率。这些技巧主要包含以下几个方面。

✦ 最好禁止可移动磁盘和光盘的自动运行功能，因为很多病毒会通过可移动存储设备进行传播。

✦ 尽量使用正版杀毒软件。

✦ 经常从所使用的软件供应商那边下载和安装安全补丁。

✦ 使用较为复杂的密码，尽量使密码难以猜测，以防止钓鱼网站盗取密码。不同的账号应使用不同的密码，避免雷同。

✦ 如果病毒已经进入电脑，应该及时将其清除，防止其进一步扩散。

✦ 共享文件要设置密码，共享结束后应及时关闭。

✦ 对重要文件应形成习惯性的备份，以防遭遇病毒的破坏，造成意外损失。

✦ 可在电脑和网络之间安装使用防火墙，提高系统的安全性。

✦ 定期使用杀毒软件扫描电脑中的病毒，并及时升级杀毒软件。

11.2.2 使用杀毒软件

要有效地防范病毒程序对电脑系统的破坏，用户可以在电脑中安装杀毒软件以防止病毒的入侵，并对已经感染的病毒进行查杀。

1 查杀电脑病毒

360杀毒软件是一款著名的国产杀毒软件，是专门针对目前流行的网络病毒研制开发的产品，是保护电脑系统安全的常用工具软件。

【例11-7】使用360杀毒软件查杀电脑病毒。 ▶视频▶

01 在电脑中安装并启动360杀毒软件后，在该软件的主界面中单击【检查更新】按钮，将软件的版本升级至最新。

02 单击软件主界面中的【快速扫描】按钮，对电脑执行快速病毒扫描。

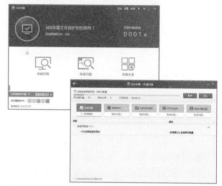

03 扫描结束后，360杀毒软件将在打开的界面中显示发现的威胁信息。

04 单击【立即处理】按钮，即可处理发现的威胁及病毒程序。

2 自定义扫描范围

用户可以在360杀毒软件中设置病毒扫描的范围，从而减少不必要的扫描操作，加快病毒扫描的效率，具体如下。

01 在360杀毒软件主界面中单击【功能大全】按钮，在打开的【系统安全】界面中单击【自定义扫描】选项。

02 打开【选择扫描目录】对话框，选择杀毒程序需要扫描的范围，然后单击【扫描】按钮即可。

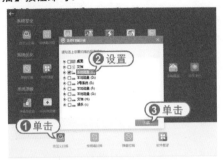

3 设置实时防护

在电脑中安装360杀毒软件后，软件会自动启动【实时防护】功能。该功能虽然可以有效地保护电脑不受病毒的侵扰，但其中的部分保护设置也过于严格。用户可以参考以下方法设置实时防护。

01 在360杀毒软件主界面的右上角单击【设置】选项。

02 在打开的【360杀毒设置】对话框中，选择【实时防护设置】选项，即可在显示的选项区域中，对软件防护设置进行调整。

11.3　保护上网安全

　　用户在上网冲浪时，经常会遭到一些流氓软件和恶意插件的威胁。360安全卫士是目前国内比较受欢迎的一款免费的上网安全软件，它具有木马查杀、恶意软件清理、漏洞补丁修复、电脑全面体检、垃圾和痕迹清理等多种功能，是保护用户上网安全的好帮手。

11.3.1　检测电脑状态

　　在电脑中安装并启动360安全卫士后，在软件的主界面中单击【立即体检】按钮，即可对电脑进行体检，检测电脑的状态。

　　执行体检操作后，360安全卫士软件会自动对系统进行检测，包括系统漏洞、软件漏洞和软件的新版本等内容。体检完成后，显示体检结果。此时，单击【一键修复】按钮即可修复检测到的问题(用户若想对某个不安全选项进行处理，可单击该选项后面对应的按钮，然后按照提示逐步操作即可)。

11.3.2 查杀流行木马

　　木马(Trojan house)这个名称来源于古希腊传说，它指的是一段特定的程序(即木马程序)，控制者可以使用该程序来控制另一台电脑，从而窃取被控制计算机的重要数据信息。360安全卫士采用了新的木马查杀引擎，应用了云安全技术，能够更有效查杀木马，保护系统安全。

　　要使用360安全卫士查杀电脑中可能存储的木马程序，可以参考以下方法。

01 启动360安全卫士软件后，在软件主界面顶部选择【木马查杀】选项，在显示的界面中单击【快速查杀】或【全盘查杀】按钮。

02 此时，软件将自动检查电脑系统中的各项设置和组件，并显示其安全状态。

03 完成扫描后，在打开的界面中单击【一键处理】按钮即可。

11.3.3 清理恶评软件

　　恶评插件又叫"流氓软件"，是介于电脑病毒与正规软件之间的软件，这种软件主要包括通过Internet发布的一些广告软件、间谍软件、浏览器劫持软件、行为记录软件和恶意共享软件等。流氓软件虽然不会像电脑病毒一样影响电脑系统的稳定和安全，但也不会像正常软件一样为用户使用电脑工作和娱乐提供方便，它会在用户上网时偷偷安装在用户的电脑上，然后在电脑中强制运行一些它所指定的命令，例如频繁地打开一些广告网页，在IE浏览器的工具栏上安装与浏览器功能不符的广告图标，或者对用户的浏览器设置进行篡改，使用户在使用浏览器上网时被强行引导访问一些商业网站。

　　在360安全卫士软件中，用户可以参考以下方法清理电脑中的恶评软件。

01 启动360安全卫士软件后，在软件主界面顶部选择【电脑清理】选项，在显示的界面中单击【全面清理】按钮。

02 随后，软件将检测系统中的垃圾文件和恶评软件，显示电脑中垃圾文件的大小。

03 完成扫描后，在打开的界面中单击【一键清理】按钮即可。

11.3.4 清除使用痕迹

360安全卫士具有清理电脑使用痕迹的功能，包括用户的上网记录、开始菜单中的文档记录、Windows的搜索记录以及影音播放记录等，可有效保护用户的隐私。设置清除电脑使用痕迹的方法如下。

01 启动360安全卫士，在软件主界面顶部选择【电脑清理】选项，在打开的界面中选择【单项清理】|【清理痕迹】命令。

02 软件将开始扫描系统中的痕迹信息，并显示可供清理的选项。

03 选择需要清理痕迹的软件后，单击【一键清理】按钮即可清理系统中软件的使用痕迹信息。

11.3.5 修复系统漏洞

除了可以使用Windows的自动更新功能来下载和更新系统补丁外，还可以使用360安全卫士的漏洞修复功能来修复系统漏洞，具体方法如下。

01 启动360安全卫士，在软件主界面顶部选择【系统修复】选项，在打开的界面中单击【全面修复】按钮。

02 此时，360安全卫士软件将自动扫描系统漏洞。

03 扫描结束后，在打开的界面中单击【一键修复】按钮即可。

11.4 备份操作系统

电脑系统在运行的过程中难免会出现故障。Windows 10自带了系统还原功能，当系统出现问题时，该功能可以将系统还原到过去的某个状态，同时还不会丢失个人的数据文件。

11.4.1 创建系统还原点

要使用Windows10的系统还原功能，首先系统要有一个可靠的还原点。在默认设置下，Windows 10每天都会自动创建还原点，另外用户还可手工创建还原点。

【例11-8】在Windows 10中创建一个系统还原点。 视频

`01` 右击系统桌面上的【此电脑】图标，在弹出的菜单中选择【属性】命令。

`02` 打开【系统保护】窗口，在窗口左侧的列表中选择【系统保护】选项。

`03` 打开【系统属性】对话框，选择【系统保护】选项卡，在【保护设置】列表中选择要创建系统还原点磁盘分区(例如C盘)，然后单击【配置】按钮。

`04` 打开【还原设置】对话框，选中【启用系统保护】单选按钮，然后单击【确定】按钮。

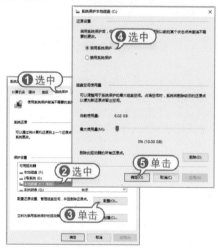

`05` 返回【系统属性】对话框，单击【创建】按钮，立即为C盘创建一个系统还原点，打开【系统保护】对话框，在对话框

中的文本框内输入系统还原点的名称后，单击【创建】按钮。

`06` 此时，系统将创建一个还原点。

11.4.2 还原操作系统

有了系统还原点后，当系统出现故障时，就可以利用Windows的系统还原功能，将系统恢复到还原点的状态。该操作仅恢复系统的基本设置，而不会删除用户存放在非系统盘中的资料。

【例11-9】使用系统还原点还原Windows操作系统。 视频

`01` 参考【例11-8】介绍的方法，打开【系统属性】对话框的【系统保护】选项卡后，单击【系统还原】按钮。

`02` 打开【系统还原】对话框，选中【选择另一还原点】单选按钮，然后单击【下一步】按钮。

03 在打开的对话框的【日期和时间】列表中选择【例11-8】创建的系统还原点，然后单击【下一步】按钮。

04 打开【确认还原点】对话框，单击【完成】按钮即可(在进行系统还原操作前，务必要保存正在进行的工作，以免因系统重启而丢失文件)。

11.5　设置组策略

组策略和Windows系统的注册表密切相关。注册表是Windows系统中保存系统软件和应用软件配置的数据库，而组策略则是将系统重要的配置功能汇集成各种配置模块。组策略设置就是修改注册表中的配置，并且远比手工修改注册表方便、灵活，功能也更加强大。本节将介绍通过设置组策略维护操作系统安全的方法。

11.5.1　禁用注册表

注册表(Registry)是Windows操作系统、各种硬件设备以及用户安装的各种应用程序得以正常运行的核心"数据库"。

几乎所有的电脑硬件、软件和设置问题都和注册表相关，因此注册表对于Windows来说至关重要。

如果注册表被错误的修改，将会发生一些不可预知的错误，甚至导致系统崩溃。为了防止注册表被他人随意修改，用户可将注册表禁用，禁用后将不能再对注册表进行修改操作。

在Windows系统中用户可以使用以下方法，禁用注册表。

01 右击开始按钮 ，在弹出的菜单中选择【运行】命令，打开【运行】对话框后在【打开】文本框中输入"gpedit.msc"，然后按下回车键。

02 打开【本地组策略编辑器】窗口，在左侧的列表中依次展开【用户配置】|【管理模板】|【系统】选项，在右侧的列表中双击【阻止访问注册表编辑工具】选项。

03 打开【阻止访问注册表编辑工具】对话框，选中【已启用】单选按钮，然后在【是否禁用无提示运行regedit？】下拉列表框中选择【是】选项，然后单击【确定】按钮，即可禁用注册表编辑器。

04 此时，用户再次试图打开注册表时，系统将提示注册表已被禁用。

11.5.2 禁用控制面板

通过【控制面板】可完成对电脑的大部分操作，为了防止黑客利用【控制面板】来操控自己的电脑，可将控制面板设置为禁用，具体方法如下。

01 右击开始按钮，在弹出的菜单中选择【运行】命令，打开【运行】对话框后在【打开】文本框中输入"gpedit.msc"，然后按下回车键。

02 打开【本地组策略编辑器】窗口，在左侧的列表中依次展开【用户配置】|【管理模板】|【控制面板】选项，在右侧的列表中双击【禁止访问"控制面板和PC设置"】选项。

03 打开【禁止访问"控制面板和PC设置"】对话框。在该对话框中选中【已启用】单选按钮，然后单击【确定】按钮即可。

04 此时，打开【控制面板】时，将会弹出【限制】对话框，提示【控制面板】已被管理员禁用。

11.5.3 限制登录密码输入次数

为了防止他人尝试暴力破解管理员密码，用户可对密码的输入次数做限制，当输入密码的错误次数超过设定值后，系统将会自行锁定电脑，具体方法如下。

01 打开【运行】对话框后在【打开】文本框中输入"gpedit.msc"，按下回车键。

02 打开【本地组策略编辑器】窗口，依次展开【计算机配置】|【Windows设置】|【安全设置】|【账户策略】|【账户锁定策略】选项，在右侧的列表中双击【账户锁定阈值】选项。

03 在打开的【账户锁定阈值 属性】对话框中的微调框中设置数值为3，单击【确

定】按钮。

04 打开【建议的数值改动】对话框，在该对话框中显示了当输入密码错误的次数超过设定的次数时账户的锁定时间，单击【确定】按钮即可。

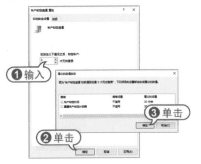

❶ 输入
❷ 单击
❸ 单击

11.5.4 还原默认组策略

组策略是Windows操作系统中仅次于注册表的设置功能，很多用户会使用它来设置系统。不过有时设置的组策略过多，

会造成系统设置混乱。此时，用户可以参考以下方法还原默认组策略设置。

01 右击开始按钮▦或按下Win+X组合键，在弹出的菜单中选择【命令提示符(管理员)】命令。

02 打开【管理员：命令提示符】窗口，输入以下命令，后按下回车键。

secedit /configure

/cfg %windir%\inf\defltbase.inf

/db defltbase.sdb /verbose

03 重新启动电脑，还原操作即可生效。

11.6 优化Windows 10

很多新学电脑的用户在将操作系统升级到Windows 10后，发现Windows 10的运行速度并不是很快。其实，只需要进行一些小的设置就可以解决这个问题。

11.6.1 关闭家庭组

Windows 10中的【家庭组】功能可以使共享更加简单。但如果用户并不需要在局域网中共享资源，可以尝试使用以下方法关闭家庭组，加速系统的工作速度。

01 右击【此电脑】图标，在弹出的菜单中选择【管理】命令。

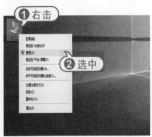

❶ 右击
❷ 选中

02 打开【计算机管理】窗口，在窗口左侧的列表中选中【服务】选项，在窗口右侧的列表中找到HomeGroup Listener和HomeGroup Provider这两个服务。

03 分别右击HomeGroup Listener和HomeGroup Provider服务，在弹出的菜单

中选择【属性】命令。

04 打开【属性】对话框，单击【启动类型】按钮，在弹出的列表中选择【禁用】选项，然后单击【确定】按钮。

05 完成以上设置后，就关闭了【家庭组】功能。从Windows 8系统开始【家庭组】功能会不断读写硬盘，造成硬盘占用高，这个问题在Windows10中依然存在，关闭家庭组后，可以使硬盘占用降低。

11.6.2 卸载闲置的应用

　　用户可以参考下面介绍的方法，卸载系统中长期不适用的应用，提高操作系统的运行速度。

01 单击开始按钮**⊞**，在弹出的菜单中选择【设置】选项，打开【Windows设置】窗口，单击【系统】选项。

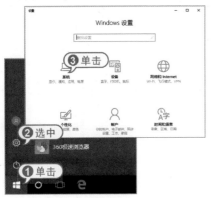

02 打开【设置】窗口，选择【应用和功能】选项，在显示的选项区域中选中应用名称，单击【卸载】按钮即可将其删除。

11.6.3 设置优化驱动器

　　Windows 10中的优化驱动器即本章【例11-2】介绍的【整理磁盘碎片】功能。用户可以将该操作设置为一个月自动执行一次，具体方法如下。

01 参考【例11-2】介绍的方法，打开【优化驱动器】窗口，单击【启动】按钮。

02 打开【优化计划】对话框，选中【按计划运行】复选框，然后单击【频率】按钮，在弹出的列表中选择【每月】选项。

03 单击【选择】按钮，在打开的对话框中选择需要定期优化的驱动器，然后单击【确定】按钮。

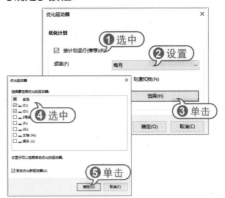

04 返回【优化计划】对话框，单击【确定】按钮即可。

11.6.4 禁用系统保护

Windows 10中的系统保护即本章11.4节所介绍的【系统还原】功能。该功能如果启用会定期在系统中创建还原点，占用一定的系统资源，用户可以参考以下方法将【系统保护】功能关闭。

01 参考本章【11-8】介绍的方法，打开【系统属性】对话框的【系统保护】选项卡，然后单击【配置】按钮。

02 在打开的对话框中选中【禁用系统保护】单选按钮后，单击【确定】按钮即可。

11.7 修复Windows 10

当Windows 10系统出现故障需要修复时，用户可以使用本节所介绍的方法，通过WindowsRE修复系统。

11.7.1 删除导致问题的补丁

用户可以参考以下方法，删除系统中的所有补丁程序，修复系统问题。

01 按住Shift键，单击开始按钮，在弹出的菜单中选择【电源】|【重启】选项，重启电脑。

02 此时系统将进入WindowsRE界面(如果操作系统因故障无法启动，用户也可以通过在启动电脑时按下F8键进入该界面)，单击【疑难解答】选项。

03 打开【疑难解答】界面，单击界面中的【卸载预览更新】选项，可以在打开的界面中通过单击【卸载】按钮，卸载操作

系统安装的所有更新补丁，从而解决因为系统补丁错误而导致的系统问题。

11.7.2 重装Windows 10

如果删除系统中的补丁程序后，系统问题仍未解决，用户还可以尝试以下方法，通过WindowsRE重装系统，方法如下。

01 使用Windows 10系统镜像安装光盘启动电脑，在打开的界面中单击【下一步】按钮。

02 打开【Windows安装程序】界面，单击【修复计算机】选项。

03 打开WindowsRE界面，单击【疑难解答】选项，在打开的【疑难解答】界面中单击【使用此介质重新安装Windows Technical Preview】选项。

04 接下来，在打开的界面中根据系统的提示逐步操作即可。

11.8 重置Windows 10

当Windows 10系统因为设置错误运行非常缓慢时，用户可以使用本节所介绍的方法恢复系统的默认设置。

在需要执行系统重置操作时，用户应先准备好Windows 10系统安装镜像文件(可以使用光盘或U盘保存镜像文件)，然后执行以下操作。

01 单击开始按钮，在弹出的菜单中选择【设置】选项，打开【Windows设置】窗口，单击【更新和安全】选项。

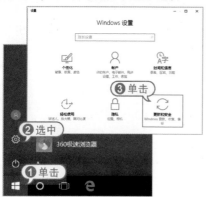

02 打开【设置】窗口，在窗口左侧的列表中选择【恢复】选项，在窗口右侧的选项区域中单击【重置此电脑】选项下的【开始】按钮。

03 在打开的界面中，用户可以选择【保留我的文件】选项，重置系统设置并保留所有用户的个人数据；或者【删除所有内容】，重置系统并删除所有用户数据，生成一个新的Windows 10系统。

04 用户根据自己重置系统的需要，在上图所示的界面选择一种系统重置方案后，即可开始执行系统重置操作。

11.9 进阶实战

本章的实战部分将主要介绍操作系统的安全防护措施和维护电脑的技巧，帮助用户进一步巩固所学到的知识。

11.9.1 关闭正在运行的程序

任务管理器是Windows系统中一个非常好用的工具，要在Windows 10中直接打开任务管理器，按下Ctrl+Shift+Esc组合键即可。它可以帮助用户查看系统中正在运行的程序和服务，还可以强制关闭一些没有响应的程序窗口。

【例11-10】使用任务管理器结束正在运行的应用进程。 视频

01 按下Ctrl+Shift+Esc组合键，打开任务管理器窗口，在【应用】区域上右击一个正在运行的程序，在弹出的快捷菜单中选择【结束任务】命令。

02 此时，任务管理器将会自动终结选中的程序。

11.9.2 自定义电脑开机启动项

电脑在使用的过程中，用户常常会安装很多软件，其中一些软件在安装完成后，会自动随着系统的启动而启动，如果开机时自动启动的软件过多，无疑会影响电脑的开机速度并占用系统资源。此时用户可将一些不必要的开机启动项取消掉，从而降低资源消耗，加速开机过程。

【例11-11】在Windows 10中自定义开机启动项。 视频

01 按下Ctrl+Shift+Esc组合键，打开任务管理器窗口，选择【启动】选项卡。

02 在显示的列表中显示了系统中开机启动的程序列表，右击其中一个程序名称，在弹出的菜单中选择【禁用】命令。

03 重新启动电脑，即可发现被设置的程序不再被设置为开机启动。

11.9.3 设置Windows虚拟内存

在使用电脑的过程中，当运行一个程序需要大量数据、占用大量内存时，物理内存就有可能会被"塞满"，此时系统会将那些暂时不用的数据放到硬盘中，而这些数据所占的空间就是虚拟内存。

简单地说，虚拟内存的作用就是当物理内存占用完时，电脑会自动调用硬盘来充当内存，以缓解物理内存的紧张。

【例11-12】在Windows 10中设置系统虚拟内存。 视频

01 右击系统桌面上的【此电脑】图标，在弹出的菜单中选择【属性】命令，打开【系统】窗口单击【高级系统设置】选项。

02 打开【系统属性】对话框，选择【高级】选项卡，单击【性能】选项后的【设置】按钮。

03 打开【性能选项】对话框，单击【更改】按钮。

04 打开【虚拟内存】对话框，取消【自动管理所有驱动器的分页文件大小】复选框的选中状态，在【最大值】和【初始大小】文本框中设置合理的虚拟内存的值。

05 单击【确定】按钮，返回【性能选

项】对话框，单击【应用】按钮即可。

11.9.4 更改系统维护时间

Windows10系统的【自动维护】功能，可以根据设置计划在用户未使用计算机时自动运行预定的维护任务，包括软件更新、安全扫描、系统诊断等。

【例11-13】更改Windows 10中预设的系统维护时间。 视频

01 右击系统桌面上的【此电脑】图标，在弹出的菜单中选择【属性】命令，打开【系统】窗口单击【安全和维护】选项

02 打开【安全和维护】窗口，单击【更改维护设置】选项，在打开的对话框中设置每日运行维护任务的时间后，单击【确定】按钮即可。

11.9.5 使用Windows Defender

Windows Defender是Windows系统自带的杀毒软件。相比其他第三方杀毒软件而言，Windows Defender不仅占用系统资源较少，而且杀毒效果也不错。

【例11-14】在Windows 10系统中使用Windows Defender。 视频

01 右击开始按钮，在弹出的菜单中选择【控制面板】命令，打开【控制面板】窗口后，单击【查看方式】选项，在弹出的菜单中选择【大图标】选项切换大图模式，然后单击Windows Defender选项。

02 打开Windows Defender主界面，选择【更新】选项卡，单击【更新定义】按钮。

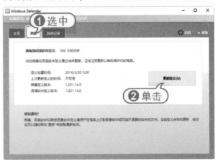

03 此时，Windows Defender将开始自动更新病毒库。更新操作完成后，选择【主页】选项卡，然后在【扫描选项】选项区域中单击【立即扫描】按钮，即可开始扫描电脑中的有害软件和病毒程序。

11.10 疑点解答

● 问：在Windows 10中关闭Windows防火墙后不断弹出提示怎么办？

答：在关闭Windows防火墙后，如果系统总是弹出提示，用户可以在打开【Windows防火墙】窗口后单击【安全和维护】选项，在打开的对话框中单击【关闭有关"网络防火墙的消息"】复选框，关闭Windows 10系统弹出的提示信息。